Midjourney

写给小白的100种应用

文之易◎著

AI Painting Master
Midjourney
100 Applications
Written for Beginners

中国人民大学出版社
·北京·

前　言

欢迎阅读《AI 绘画大师 Midjourney：写给小白的 100 种应用》一书。这里，我们将共同探索 AI 绘画的神奇世界。

目的与愿景

在数字化和信息化迅猛发展的时代，人工智能已经渗透到社会的各个方面，包括艺术创作。Midjourney 作为一款卓越的 AI 绘画工具，具备强大的功能，但目前缺乏系统而全面的教程指导用户如何充分利用它。本书的目的正是填补这一空白，希望读者能够通过本书充分了解 Midjourney 的功能、特点和应用场景并将其运用于实际创作。

本书不仅为初学者提供了入门指南，也为有经验的艺术家或设计师提供了进阶教程。笔者相信，无论传统艺术创作者还是现代数字艺术家，都能在 Midjourney 平台上找到属于自己的创作空间。希望本书通过翔实的操作步骤、丰富的案例分析以及深入的功能解读，能够帮助读者快速掌握 AI 绘画的核心技术和应用方法，进而开启一段全新的艺术创作旅程。

内容概览

第 1 章“初识 Midjourney”：本章从 AI 绘画的历史背景和文化意义入手，揭示这一新兴艺术形态的魅力和价值。随后介绍 Midjourney 的注册和登录流程。然后介绍平台的操作界面和主要功能模块，包括添加 Midjourney Bot、创建服务和频道以及订阅会员服务等功能。最后，本章通过一个简单的实例讲解如何创建第一幅 AI 绘画作品，并介绍关于图像的基本操作。

通过本章的学习，读者将建立起对 AI 绘画和 Midjourney 平台的基础认识，为后续的学习打下基础。

第 2 章“功能全掌握”：本章进一步深化对 Midjourney 平台的探索，专注于更为高级且功能强大的操作细节。本章详细介绍了 Midjourney 常用的指令和参数，以及如何有效地使用提示词来引导 Midjourney Bot 生成更符合期望的艺术作品。

通过本章的学习，读者将能够更灵活、更深入地运用 Midjourney 平台的各项功能，从而使 AI 绘画作品更加丰富和个性化，为后续的 100 种应用打下坚实的基础。

第 3～17 章 100 种应用：这是本书的核心部分，这一部分深入探讨了 Midjourney 平台在各种艺术和设计领域中的多样化应用。这些章节包含了 100 个精选应用案例，覆盖了从基础的 Logo 设计和头像制作到高级的建筑设计和摄影技术等方面。这些应用案例不仅仅是功能性的教程，更是充满创意和想象力的艺术实践。无论设计师、艺术家，还是对创意工作有浓厚兴趣的新手，都能在这些章节中找到丰富的灵感和创作的指导。特别是在 UI 设计、建筑和景观设计、工业设计等领域，这些应用案例将提供具体和专业的操作流程与技巧。

这一部分旨在全面展示 Midjourney 平台的强大功能和广泛应用，通过具体的案例和详细的步骤，帮助读者将平台的高级功能融会贯通，实现从入门到精通的全面提升。总体来说，这些章节将极大地拓宽创作视野，让读者可以更自由地运用 AI 绘画技术进行多元和跨界的艺术创作。

致 谢

在此，笔者向在本书成稿和出版过程中给予巨大支持和帮助的个人和团队表示感谢。

蔡文青老师：您的专业指导和慷慨资助是本书能够成功出版的关键。您不仅是一位卓越的教育者，也是我学术和职业生涯中不可或缺的引路人。

编辑团队：你们的辛勤工作和专业指导使本书更加完善和易于理解。你们的专业素养和高效的执行力使本书的质量得以保证。每一轮的校对和修改都让我深受感动。

Midjourney 团队：感谢你们开发出如此出色的 AI 绘画应用，为全球的艺术创作者提供了一个强大的 AI 绘画平台。你们不仅改变了艺术创作的形式，还为艺术家和设计师带来了更多可能性。

本书是集体努力的成果，没有你们的支持和帮助，它无法面世。再次向对本书出版作出贡献的所有个人和团队表示深深的谢意。

愿本书能够帮助你开启 AI 绘画的精彩之旅。

文之易

目　录

CONTENTS

第 1 章/*Chapter One*

初识 Midjourney

欢迎踏上这令人心潮澎湃的 AI 艺术之旅！在开篇章节里，不仅会穿越 AI 绘画的历史长河，还会逐步解锁 Midjourney 平台的无尽可能性。从如何注册和登录，到认识平台界面，再到添加 Midjourney Bot 和订阅会员服务，这一切都只是开始。更激动人心的是，还将创作第一幅 AI 绘画作品，并掌握图像的基础操作技巧，揭开 Midjourney 和 AI 绘画世界的神秘面纱，初识 Midjourney 的独特魅力。这不仅是一次技术上的实践，更是一场艺术和创意的盛宴。

第 1 节　AI 绘画简史

绘画的历史如同一幅绵延数万年的卷轴，源远流长，可追溯至旧石器时代。在那个时代，我们的祖先将丰富的想象与神秘的信仰印刻在坚硬的岩石上，创作出一幅幅栩栩如生的图像，每一笔每一画或许都暗含着某种神秘而深远的意义。随着岁月的流逝，绘画艺术逐渐从简单的图案演变为一种表达人类情感、生活、历史事件、神话传说以及大自然风光的重要载体，每一幅画作都仿佛在诉说着一个个人类文明的故事。

然而，我们所熟知的绘画世界正在经历一场深刻的变革，这场变革的

催化剂正是我们生活中无处不在的 AI（人工智能）。如今，AI 不再只是科技领域的热门话题，它已逐渐渗透到艺术的每一个角落，其中最为引人瞩目的便是 AI 绘画。

AI 绘画，也称为 AI 作画或人工智能绘画，是人工智能技术与艺术碰撞出来的璀璨火花。在这个过程中，AI 模型如同造诣颇深的艺术家，学习并模仿人类的创作方式和艺术风格。只需要给予一些输入，无论是简洁的素描，还是一组随意的颜色组合，抑或是一段简单的文本描述，都能成为 AI 绘画的起点。经过 AI 的“魔术”处理，这些输入将被转化为全新的艺术作品，每一次创作都是对人类艺术家灵感和创意的一次独特解读。

AI 绘画的历史实际上比许多人想象的要早。在那个刚刚触摸到计算机的时代，就有一位艺术家哈罗德·科恩（Harold Cohen，1928—2016，计算机生成艺术的先驱、第一位数字艺术家），他是加利福尼亚大学圣迭戈分校的教授，也是一位画家，他把对艺术的热爱和对技术的探索融为一体。早在 20 世纪 70 年代，科恩便开始编写一个名为“Aaron”的电脑程序进行绘画创作。然而，Aaron 并不像现在的 AI 绘画那样仅仅生成数字作品，它是利用演算法实实在在地通过控制机械臂进行绘画。这一程序曾先后在伦敦泰特美术馆、阿姆斯特丹市立博物馆、旧金山现代艺术博物馆展出。图 1-1 为 1979 年科恩在旧金山现代艺术博物馆对其进行展出。

Aaron 无法主动掌握新的绘画风格，其所有新特性都必须通过科恩的编程来添加。Aaron 能以其独特的风格创作出近乎无限的图像，尽管这些作品看似遵循某种特定的规律或模式。这位独特的“艺术家”随着时间的推移不断进步：20 世纪 80 年代，Aaron 学会了描绘三维物体；到了 90 年代，它又掌握了使用多种颜色组合进行创作，如图 1-2 所示。如此的技术革新使得 Aaron 这个程序不仅仅是一段代码，更像是一个始终在成长、不断追求艺术创新的生命体。据称，直到今天，这位 AI 艺术家依然在创作。

继 Aaron 之后，2006 年又诞生了一个名为“The Painting Fool”的电

图 1－1　科恩在旧金山现代艺术博物馆展出（1979 年）

图 1－2　1995 年版的 Aaron 以及 Aaron 创作的作品

脑绘画工具，这款程序由英国伦敦玛丽女王大学电子工程与计算机科学学院的教授西蒙·科尔顿（Simon Colton）主导设计，并希望将其训练成一位真正具有创作能力的“艺术家”。它拥有更先进的技术，能够仔细观察照片并从中提取颜色信息，就如同一位真正的艺术家在细致地研究他的素材一样。这位机器艺术家能够理解颜色的深浅和冷暖，更能模拟现实中的

各种绘画材料，无论油画、粉彩还是铅笔等，都能通过电脑指令，以线条、颜色和形状，一笔一画地创作出令人惊叹的艺术品（见图 1-3）。The Painting Fool 的出现如同一阵清风拂过画坛，带来了全新的艺术视角和创作方法，成为人工智能与艺术交融的又一力证。

图 1-3 The Painting Fool 创作的作品

2012 年，人工智能与机器学习领域的领军人物——华人科学家吴恩达带领其谷歌科研团队，投入 100 万美元，集结了 1 000 台电脑和 16 000 个 CPU 的强大资源。他们的目标是训练出当时世界上最大的深度学习网络，并指导完成一项看似简单却极具挑战性的任务：绘制出一张猫脸。这是一个看似平凡却又深具意义的实验。经过三天三夜的持续训练，该模型终于

成功地画出了一张模糊的猫脸（见图 1－4）。虽然这张猫脸的线条并不精细，颜色也不鲜艳，但它却是人工智能领域一个里程碑式的突破，它预示着 AI 绘画新的可能性，也引领了人工智能与艺术交叉的新趋势。

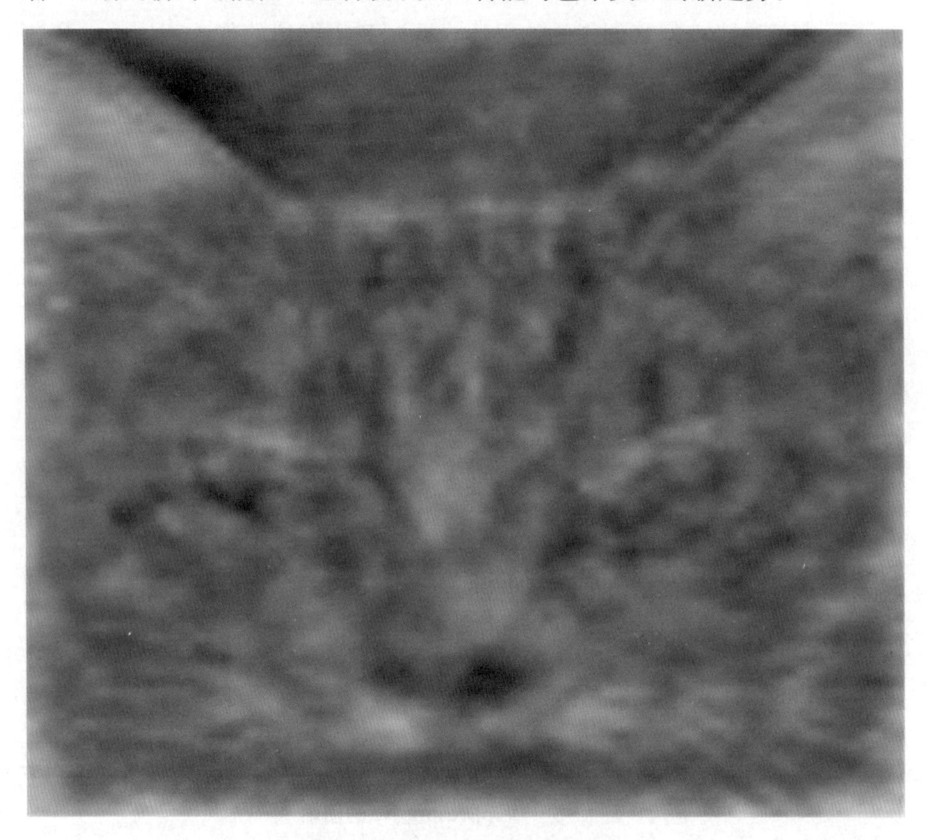

图 1－4　吴恩达团队绘制的猫脸

2015 年，谷歌携一款全新的图像工具 DeepDream 震撼登场，开启了 AI 绘画的新篇章。DeepDream 应用了模拟人类大脑和神经系统设计的人工神经网络，能够学习并识别画面中的各种图形。更令人惊奇的是，DeepDream 能够把自然图像的特征进行放大处理。例如，如果一朵云的形状看起来像一条狗，那么 DeepDream 就会让生成的图像的细节更加鲜明，让用户觉得真的看到了一条狗，如图 1－5 所示。因此，我们在欣赏 Deep-

Dream 创作的图像时，会发现画面中充满了动物的面孔，或者存在诸多神秘的旋涡。这是因为 DeepDream 在进行创作时，会不断强化这些图像的特征，使它们在画面中变得越来越醒目。然而，尽管 AI 绘画在这个时期取得了一定的进步，但其创作的效果还未达到我们期待的优秀程度。它的艺术表现力较欠缺，在内容展现上也缺乏严谨性。但这仍然是 AI 绘画发展过程中的一个重要阶段，为后续的进步奠定了基础。

图 1－5 DeepDream 创作的图像

2021 年，AI 绘画领域取得了新的重大突破，美国知名的 AI 企业 OpenAI 推出了一种全新的神经网络——DALL-E。这款模型是基于强大的 GPT-3 模型开发的，其核心采用了 CLIP 深度学习模型。这使得 DALL-E 不仅能够理解和解析文本指令，而且能够根据这些指令创作出相应主题的图像（见图 1－6）。只需要输入一些关键词，DALL-E 就能够生成符合期待的图像，展现出了令人惊叹的创作力。

在 AI 科学家和工程师的不懈努力和探索下，2022 年初，一种名为

图 1-6　DALL-E 创作的图像

Disco Diffusion 的全新 AI 绘画技术逐渐被人们熟知。它在 CLIP 模型的基础上，结合了 Diffusion 的理论，进一步提高了 AI 绘画的质量和精度。然而，尽管 Disco Diffusion 在技术上取得了显著的进步，但要想使其在实际应用中发挥最大的效果，还需解决一些实际问题。最重要的一点就是计算能力的需求。Disco Diffusion 所需的算力资源较高，而且渲染图像的时间过长，最初的模型还有一个致命的缺点——它生成的画面都十分抽象，这些画面用来生成抽象画还不错，但是几乎无法生成具象的人。

2022 年 3 月，由 Disco Diffusion 核心开发团队参与打造的 AI 绘画神器 Midjourney 闪亮登场。Midjourney 选择在 Discord 平台上运行，利用其用户友好的聊天交互方式，极大地降低了 AI 绘图的门槛。与 Disco Diffusion 繁杂的参数调整不同，Midjourney 无需复杂的操作，用户仅需在聊天窗口键入描述文本，便能产生相应的图像。然而，让人印象深刻的并不是 Midjourney 的易用性，而是它所产生的图像质量超乎想象。Midjourney 所生成的艺术作品色彩鲜艳、细节丰富，令人叹为观止。这些作品的质量如此之高，以至于大多数人几乎看不出这些作品是通过 AI 生成的。这标志着 AI 绘画的一次重大突破，为 AI 的艺术应用展现了新的可能性。

五个月后，在美国科罗拉多州举行的艺术比赛揭晓了最终结果。在所有参赛作品中，一张名为《太空歌剧院》的画作（见图 1－7）引人注目，赢得了比赛的冠军。然而，这幅惊艳的作品并非出自人类艺术家之手，而是由一款名为 Midjourney 的人工智能绘画工具生成。这一令人振奋的事实再次印证了 AI 在艺术创作上的潜力，而 Midjourney 的卓越表现也显示出其在 AI 绘画领域的领导地位。

图 1－7　Midjourney 创作的《太空歌剧院》

2022 年 4 月初，OpenAI 发布了 DALL-E 2。过去，无论 Disco Diffusion 还是 Midjourney，虽然其作品在某种程度上已经达到了令人惊叹的艺术效果，但若细心品味，我们都能够察觉出它们存在 AI 生成的痕迹。然而，DALL-E 2 的出现彻底改变了这一状况。人们几乎无法将 DALL-E 2 所生成的图像与人类艺术家的作品区分，其图像的质量达到了极致。如此高水平的表现直接颠覆了我们对 AI 绘画的既定认知，标志着 AI 艺术创作已经进入一个全新的阶段。

2022 年 8 月 22 日，AI 绘画领域再度迎来一款火爆应用——Stable Diffusion。Stable Diffusion 生成的 AI 绘画作品（见图 1－8）的质量可以与 DALL-E 2 媲美，并且在使用条件上更为灵活自由。然而，让人更为惊艳的不仅仅是其强大的性能，还有其背后的开放态度。开发这款工具的公司——Stability AI 坚信并积极推动开源的力量。其企业宗旨就是“AI by the people，for the people”，意味着其产品由用户创造，也为用户服务。这一突破标志着 AI 绘画领域进入了一个全新的时代，一个人人皆可参与、人人皆可创造的时代。

图 1－8　Stable Diffusion 创作的图像

2023 年春，Midjourney 带来了一场震撼人心的视觉盛宴。3 月推出了 V 5 版本，它的强大能力超出了用户的想象。它可以生成令人惊叹的照片级图像，画质和色彩表现力堪比世界级摄影大师，并且能够轻松完成人手的生成。其代表作品是一组展现中国情侣风采的图像（见图 1－9），这组图像瞬间在社交网络上引起了热烈的讨论，再次破圈。

图 1－9 Midjourney 创作的中国情侣

然而，Midjourney 并没有停下脚步。仅仅两个月后，又推出了 V 5.1 版本，6 月又推出了 V 5.2 版本，这两个版本的性能比 V 5 更为强大，处理人物细节更加精准，色彩表现力更加丰富、生动，仿佛为一幅幅画面注入了生命，让观者仿佛身临其境，完全沉浸在这些由 AI 生成的绘画艺术中。

在海外 AI 绘画软件快速发展的过程中，中国的互联网巨头们也纷纷加入了这场盛大的 AI 竞赛。2022 年 8 月 19 日，中国图象图形大会 CCIG

2022 在成都召开，百度正式发布了其 AI 艺术和创意辅助平台——文心一格。文心一格不仅是一个 AI 绘画软件，还是一种全方位的艺术和创意辅助工具。依托于百度自己的飞桨技术和强大的文心大模型，文心一格能够根据用户输入的文字描述、上传的线稿图像以及选择的模型，自动生成各种风格的绘画作品，如图 1－10 所示。文心一格的诞生标志着中国也加入了这场全球范围内的 AI 绘画竞赛。

图 1－10　文心一格创作的图像

2023 年 5 月 18 日，第七届世界智能大会在天津盛大开幕。360 的创始人周鸿祎在大会上带来了他们新推出的两款大模型产品——360 智脑和 360 鸿图。360 鸿图是 360 崭新的 AI 生成图像和插画的工具。它通过用户简洁的关键词描述，一键生成各种精美的图像，如图 1－11 所示。这款工具支持 CG、写实、动漫、剪纸等不同的生成风格，用户只需输入提示词，就可以依自己的需求选择图像的生成风格。360 鸿图不仅具备了调整图像生成比例的功能，同时还提供了设定光线、渲染方式等专业

化参数的选项。这使得用户在创作过程中能够深度定制和掌控作品的效果。此外，用户还可以上传自己的参考图，以生成类似风格的图像。这使得 360 鸿图成为一种非常强大且灵活的工具，能够满足用户的各种创作需求。

图 1-11　360 鸿图创作的图像

2023 年 7 月 7 日，全球的目光再次聚焦在世界人工智能大会上。在这个 AI 领域的顶级盛会中，阿里云带来了 AI 绘画创作大模型——通义万相，并正式开启定向邀测。通义万相首批上线的三大功能更是对其深厚实力的有力展示。其中，基础文生图功能可谓独树一帜。用户只需提供文字内容，通义万相便能依此生成各种风格的图像，如水彩、扁平插画、二次元、油画、中国画、3D 卡通和素描等，如图 1-12 所示。无论希望表现的是淡淡的诗意还是浓烈的情感，它都能通过色彩和线条为用户生动描绘。相似图像生成功能则是一种全新的创意体验。用户只需上传一张图像，通义万相就能在此基础上进行创意发散，生成内容、风格相似的 AI 画作。这种无缝的转换和连接使我们的创作得以无限延展。更为震撼的是，通义万相在业内率先支持图像风格迁移。用户只需上传原图和风格图，通义万

相便能自动将原图处理成指定的风格图。这种独特的功能使我们可以在原有的图像上探索更多的创新可能。

图 1－12　通义万相创作的图像

未来，AI 绘画可能不仅是一种技术，而且是一个全新的艺术领域。它的应用范围将无比宽广，从商业、科学到医学，都会深受其影响。设想一下，AI 绘画在创意行业的广泛应用：它能够协助设计师以前所未有的速度和精度实现他们的创意构思，无论生动逼真的角色形象还是华丽独特的场景设计，都将变得触手可及。医学 AI 绘画技术可以帮助医生高效地搜索和诊断病理图像，为他们的工作提供强大的支持。通过对病理图像的深度学习和理解，AI 绘画将能够为医疗专家提供更准确、更迅速的诊断支持。此外，随着虚拟现实（VR）、增强现实（AR）以及混合现实（MR）技术的日趋成熟，AI 绘画将带给我们前所未有的体验。想象一下，我们戴着 VR 头盔，似乎置身于一个虚拟的画室之中，手中的画笔在空中飞舞，色彩在指尖跳跃，仿佛真的成了一名艺术家。这一切都将在 AI 绘画的帮助下成为可能。随着我们对这种新技术的深入研究和应用，AI 绘画的未来一定会更加广阔、更加精彩。

第2节 注 册

在深入了解 AI 绘画的历史后，现在是时候开启我们的探索之旅了，下面正式进入 AI 绘画的实践。从本节开始将引领你走进一个具有革命性的 AI 绘画工具——Midjourney 的世界。

Midjourney 不仅是一种 AI 绘画工具，更是一个艺术创作平台，一个能让你的创意得以迸发并实现的空间，一个可以随时随地打开并享受 AI 绘画创作乐趣的奇妙世界。无论专业的艺术家还是仅仅对绘画抱有浓厚兴趣的新手，都可以在这里找到自己的创作空间。刚接触这个领域的新手可能会觉得注册和登录有些复杂，但请放心，我会以最简洁明了的方式引导你顺利地完成这个过程，确保你可以尽快地开始 AI 绘画之旅。

当前，Midjourney 仍处于 Beta 测试阶段，Midjourney 依托于 Discord 平台。想要开始这段神奇的旅程，首先需要注册一个 Discord 账号，并加入 Midjourney 的官方频道。

注册 Discord 账号需要具备两个条件：

（1）科学上网的网络环境。

（2）国外邮箱，例如谷歌的 Gmail、微软的 Outlook 或 Hotmail 邮箱。

注册 Discord 账号有三种途径：

（1）通过 Midjourney 首页注册（https://www.midjourney.com）。

（2）通过 Discord 注册页面注册（https://discord.com/register）。

（3）通过 APP 注册。

1. 通过 Midjourney 首页注册

（1）首先，访问 Midjourney 的官方网站会看到一个醒目的“Join the Beta”按钮，点击它，即可开始注册流程，如图 1-13 所示。

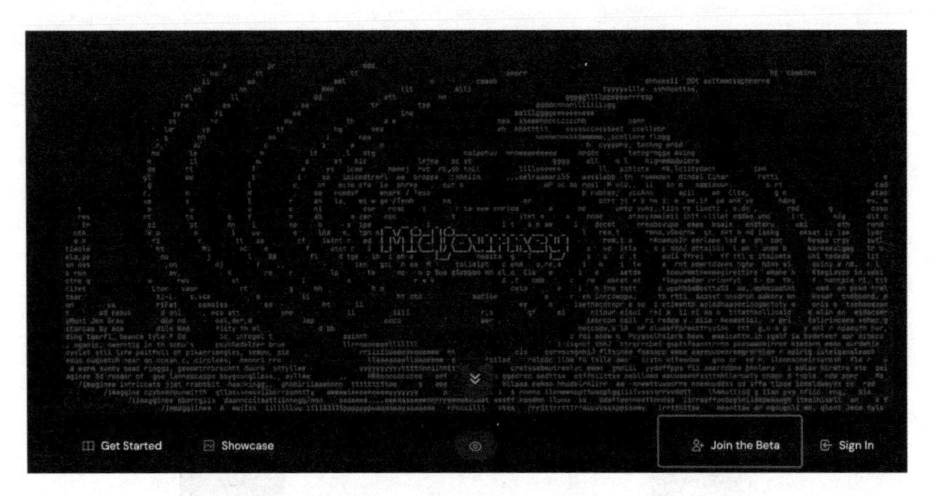

图 1－13　Midjourney 首页

（2）打开填写用户名的页面，如图 1－14 所示。如果页面显示邀请无效，无须理会，直接点击“继续使用 Discord”按钮即可。

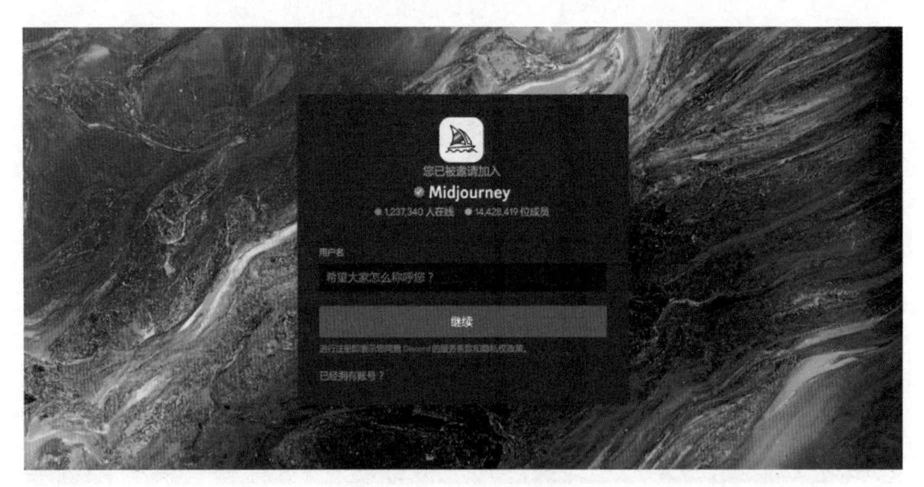

图 1－14　填写用户名

（3）填完用户名后，系统有时会弹出一个验证是否为人类的页面，如图 1－15 所示。

（4）按照要求，完成验证即可进入下一个页面，填写生日，如图 1－16

所示，填写生日时一定要年满 18 周岁，否则注册无法通过。

图 1-15 验证是否为人类

图 1-16 填写生日

（5）填完生日后，进入认证账号页面，如图 1-17 所示，填写邮箱和密码，点击“认证账号”按钮。

（6）完成这些步骤后，前往注册邮箱查看 Discord 发送的验证邮件，

并点击其中的激活链接完成账号激活，如图 1－18 所示。至此就完成了注册。

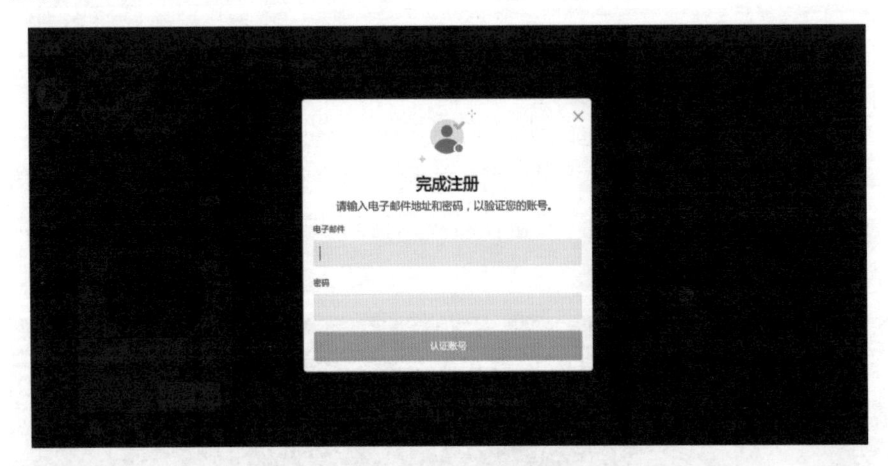

图 1－17　认证账号

图 1－18　邮件通过验证

验证完成后，点击“继续使用 Discord”会跳转到 Discord 首页，并让我们建立属于自己的 Discord 服务器。可以先跳过创建服务器，后期再创

建；也可以现在创建，依次选择：亲自创建→仅供我和我的朋友使用→输入服务器名称→点击创建。

2. 通过 Discord 注册页面注册

首先，打开 Discord 注册页面（https://discord.com/register），如图 1－19 所示，填写邮箱、用户名、密码、出生日期等信息。完成这些信息的填写后，点击“继续”按钮，后续的注册步骤与前述途径相似，不再赘述。

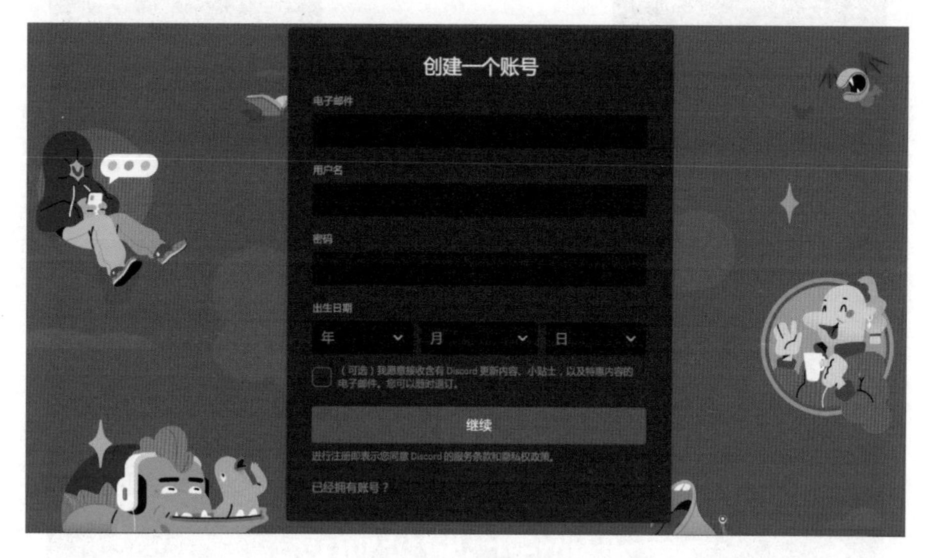

图 1－19　注册页面

3. 通过 APP 注册

首先，打开 Discord 首页（https://discord.com），根据自己设备的操作系统选择下载对应的桌面或移动端应用，如图 1－20 所示。目前 Discord 软件 PC 端有 Mac 版、Windows 版和 Linux 版，移动端有 Apple iOS 版和安卓版。

图 1-20 Discord 首页

下载完 Discord APP 后，按照引导步骤进行安装。安装成功后，打开 Discord 软件，如果没有登录，将弹出登录界面，如图 1-21 所示。

图 1-21 Discord 软件登录界面

点击“Log In”下面的链接，打开注册界面，如图 1-22 所示，填写邮箱、用户名、密码和出生日期后，点击“Continue”按钮，这时 Discord

会给注册邮箱发送一封确认邮件。打开注册邮箱，点击确认链接即可完成注册。

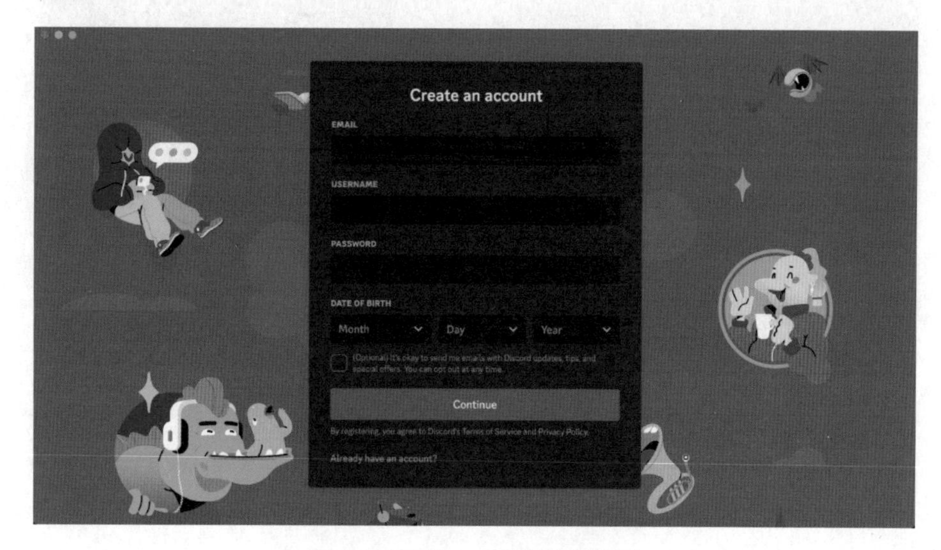

图1-22　Discord软件注册界面

第3节　登　录

登录的前提条件是：科学上网的环境和注册账号。

注册方式有三种，对应的登录方式也有三种，分别是：

（1）通过 Midjourney 首页登录；

（2）通过 Discord 首页登录；

（3）通过 APP 登录。

1. 通过 Midjourney 首页登录

（1）首先打开 Midjourney 首页（https://www.midjourney.com），点击右下角的“Join the Beta”按钮，如图1-23所示。不要点击“Sign In”按钮，否则会跳转到 Discord 登录页面。

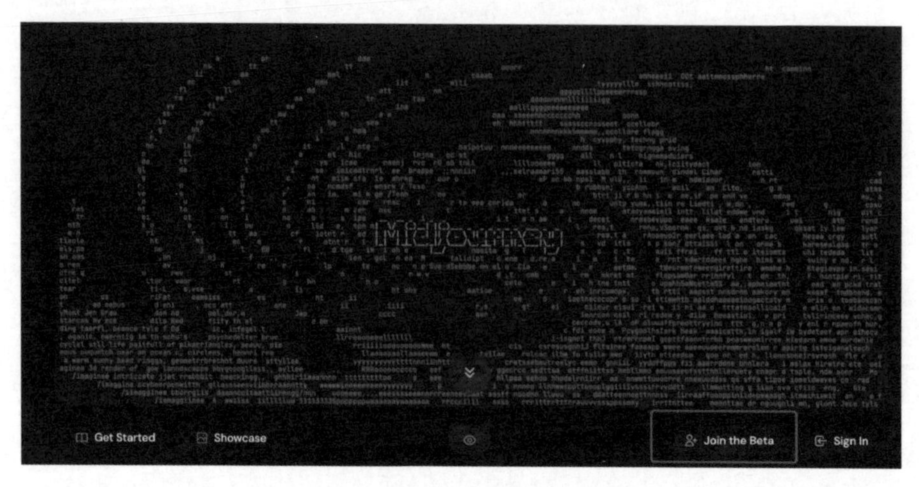

图 1-23　Midjourney 首页

（2）点击“Join the Beta”按钮，打开填写用户名的页面，如图 1-24 所示。点击“继续”按钮下面的“已经拥有账号?”链接，进入登录页面。

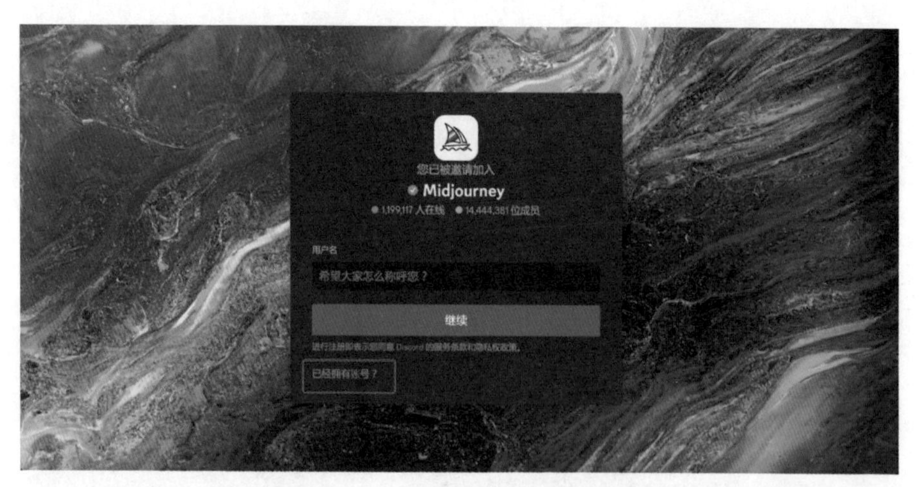

图 1-24　填写 Midjourney 用户名

（3）在登录页面，如图 1-25 所示，输入注册时填写的邮箱或电话号码以及密码，点击“登录”按钮即可进入 Midjourney 首页。

图 1－25　Midjourney 登录页面

2. 通过 Discord 首页登录

（1）首先打开 Discord 首页，点击右上角的“Login”链接，如图 1－26 所示。

图 1－26　Discord 首页

（2）在登录页面，输入注册时填写的邮箱或电话号码以及密码，点击

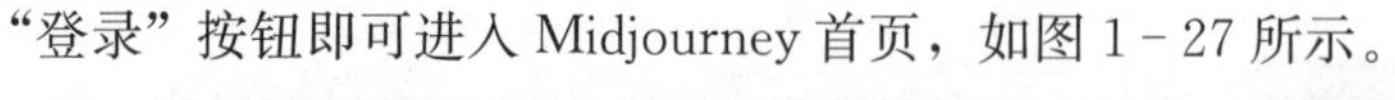

“登录”按钮即可进入 Midjourney 首页，如图 1－27 所示。

图 1－27　Midjourney 登录页面

如果是首次通过这种方式登录，登录完成后将会跳转到登录状态的 Discord 首页，点击左上角的 Midjourney 图标，然后接受邀请，当回到 Midjourney 首页时，再次点击“Join the Beta”按钮，才真正进入 Midjourney 登录状态的首页，如图 1－28 所示。

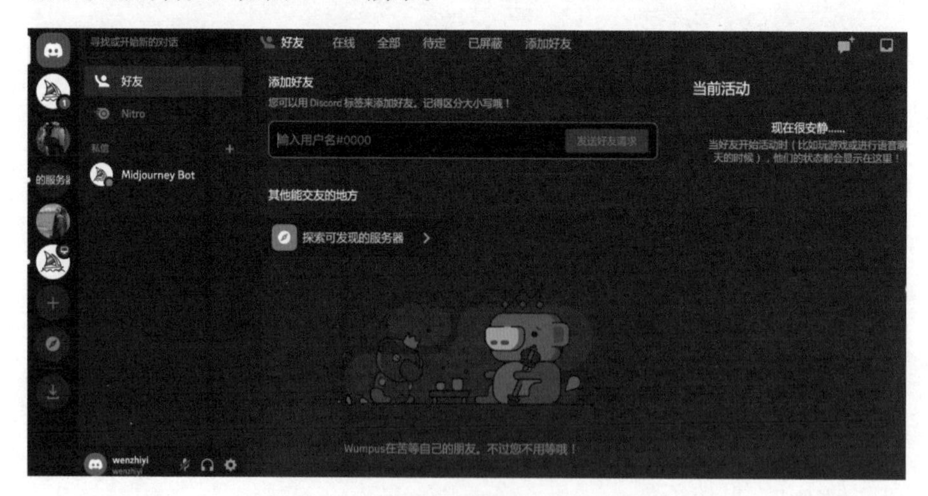

图 1－28　登录状态的 Midjourney 首页

3. 通过 APP 登录

（1）首先根据自己的操作系统，选择相应的 Discord 软件版本下载并进行安装。

（2）打开 Discord 软件，如果未登录，将弹出登录界面，如图 1－29 所示。填写账号和密码，点击“Log In”按钮即可登录。

图 1－29 Discord 登录界面

需要注意的是，登录之后，账号将长期保持登录状态，当下次用同样的浏览器或 Discord 软件打开时，将直接进入 Midjourney 登录状态的首页。

第 4 节 Midjourney 界面介绍

登录成功后，将进入 Midjourney 操作首页。该页面功能主要分为六部分，如图 1－30 所示。

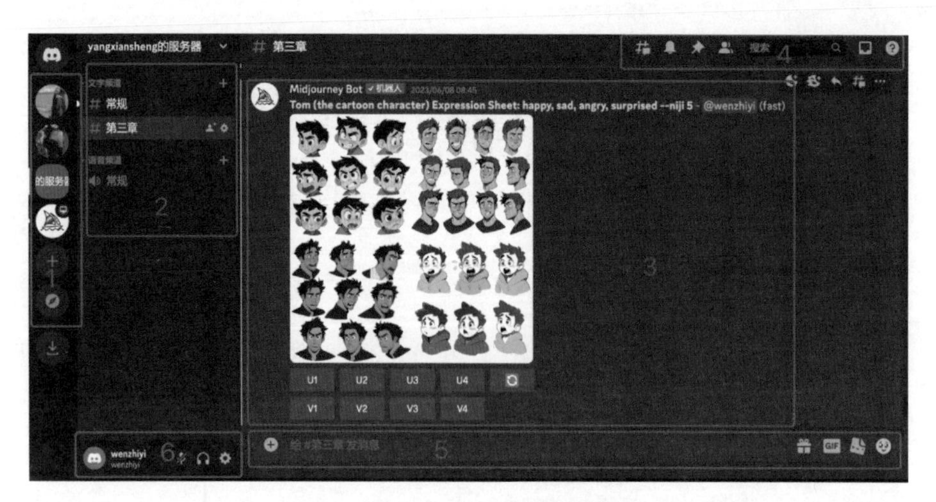

图 1 - 30　Midjourney 操作界面

1. 服务器区域

最左侧的是服务器区域，用户创建的服务器全部罗列在这里。Discord 提供了一个基于服务器的聊天平台。服务器是 Discord 的核心功能，用户可以创建和加入各种类型的服务器，例如游戏服务器、社交服务器、教育服务器等。

如果想创建服务器，可点击绿色加号“+”，将弹出创建服务器窗口，选择“亲自创建”，接着选择“仅供我和我的朋友使用”，再填写服务器名称和上传服务器图标，点击“创建”按钮即完成服务器的创建。服务器创建完成后将在最左侧的服务器列表中显示。创建服务器的流程如图 1 - 31 至图 1 - 33 所示。

2. 频道区域

靠近服务器区域的是频道区域。每个服务器都有自己的频道，创建完服务器后需要创建频道。频道分为文字频道和语音频道，用户可以在频道内与其他用户进行实时的文字、语音和视频聊天。频道可以根据用户需求

图 1-31　创建服务器界面

图 1-32　设置服务器权限

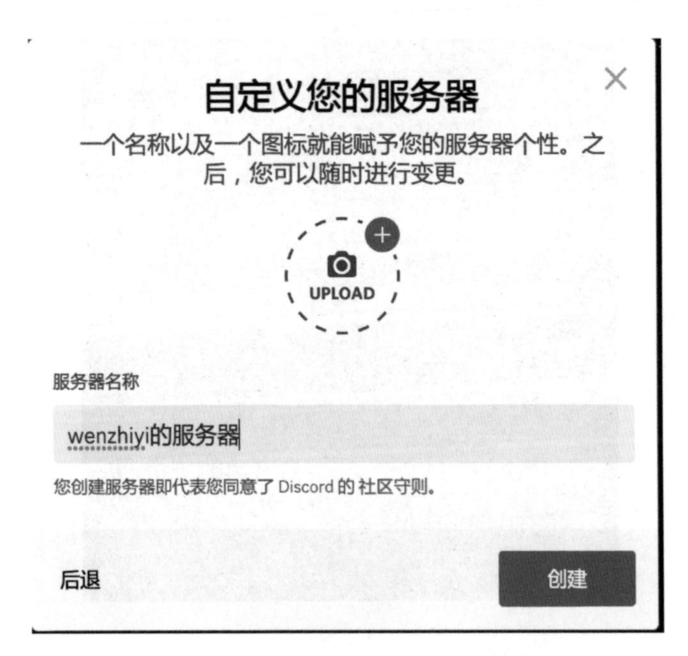

图 1－33　填写服务器名称和上传服务器图标

进行创建和调整，例如游戏频道、音乐频道、视频频道等，每个频道都可以设定不同的权限和限制。

Midjourney 频道主要有 newbies、general、show-case、recent-changes、rules、support。AI 绘画频道以 newbies 和 general 开头，随便点击一个频道，我们可以看到其他用户发送的提示词和生成的图像。newbies 开头的频道是新手模式频道，general 开头的频道是专业绘画频道。但目前来看，这两个绘画频道的 AI 画作质量都差不多。show-case 是多个频道合集的名称，这里可以看到不同分类的优质画作分享。比如，blend-showcase 频道展示了很多使用 blend 指令将不同图像混合生成的图像。recent-changes 表示更新日志，rules 表示使用规则，support 表示客服支持。

如果想创建频道，可以点击文字频道或语音频道右边的加号“+”，将弹出创建频道的窗口，如图 1－34 所示。填写频道名称，点击“创建频道”按钮即可完成频道的创建。

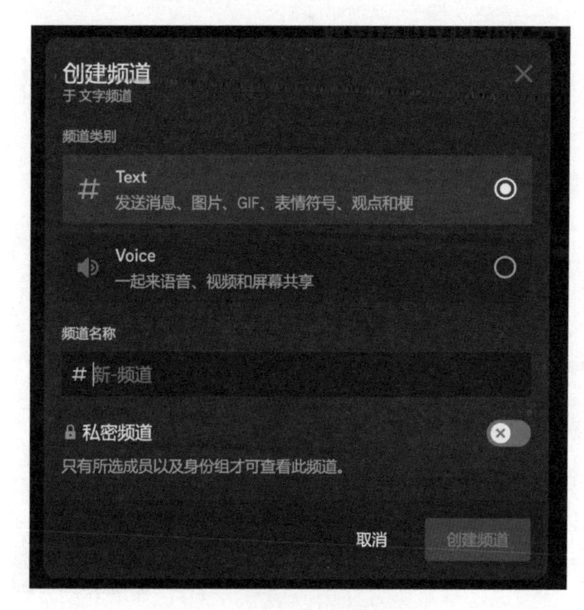

图 1-34　创建频道

如果想对频道进行其他操作，在该频道上点击右键，如图 1-35 所示，可以进行编辑频道、删除频道、创建文字频道等操作。

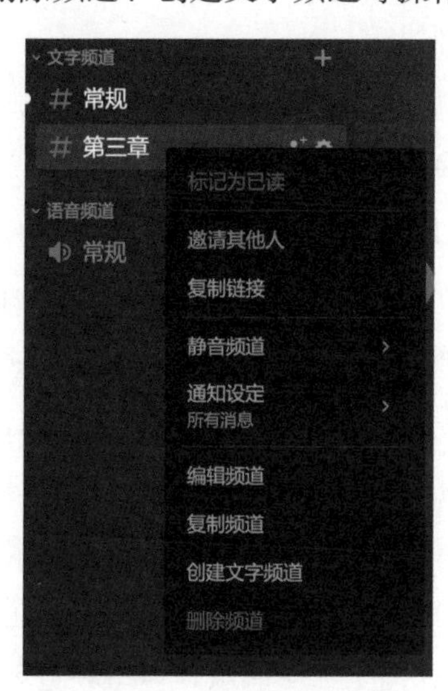

图 1-35　频道的其他操作

3. 创作区域

这个区域是 Midjourney 中最关键的部分，是用户创作内容的空间，是使用频率最高的区域。这个区域主要用于创建和修改图像。你可以输入描述，让它帮助你生成一幅全新的图像。同时，你也可以对已经生成的图像进行修改。无论希望改变图像的风格，还是想要调整图像的细节，都可以在这个区域中实现。

4. 搜索区域

在这个区域可以搜索创作内容，也可以进行搜索用户、添加用户、查看消息等操作。

当点击用户图标时，该服务器中的所有用户将会被罗列出来，如图 1－36 所示。其中 Midjourney Bot（Midjourney 机器人）也是用户之一。

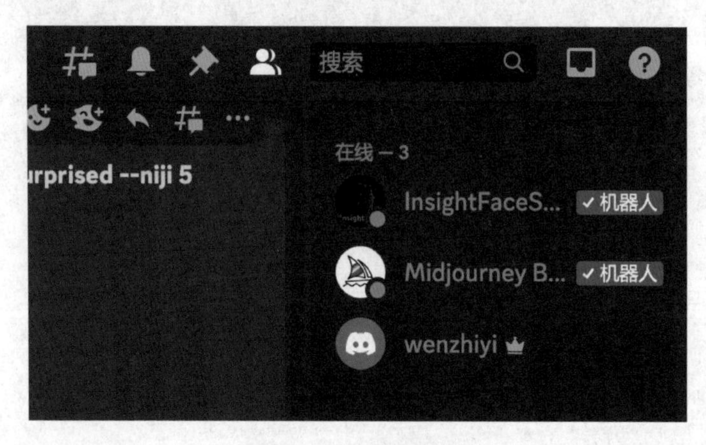

图 1－36　用户列表

5. 交互区域

这个区域是用户与 Midjourney 交互的地方，用户可以在聊天对话框中输入命令、参数或聊天内容，也可以上传文件或发送表情。

当双击加号“+”时，用户可以上传图像文件，如图 1－37 所示。

图 1－37　上传图像文件

当在对话框中输入斜杠“/”时，Midjourney 将显示命令列表，如图 1－38 所示。

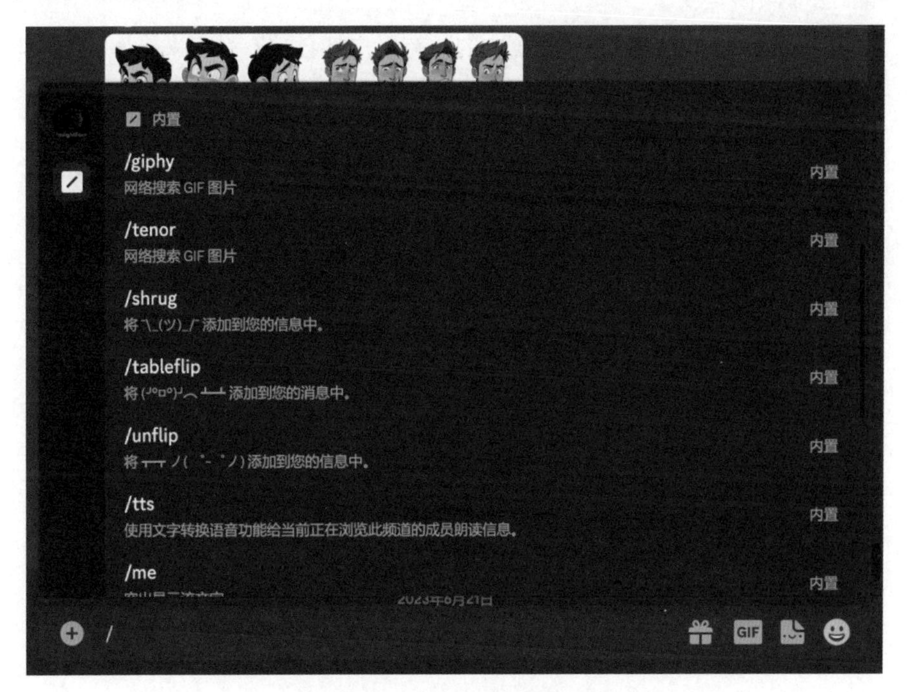

图 1－38　输入斜杠提示命令列表

6. 账号管理和设置区域

这个区域用于管理 Discord 账号和对账号进行设置。当点击设置按钮时，弹出设置界面，如图 1－39 所示。在该界面中可以进行用户设置（包括个人资料修改、隐私与安全设置等）、账单设置（包括订阅、账单等）、APP 设置、活动设置等操作。

图 1－39　用户设置界面

第 5 节　添加 Midjourney Bot

Midjourney Bot 是 Discord 的服务机器人，可以通过和用户聊天实现 AI 绘画功能。要想使用 Midjourney 进行 AI 绘画，必须邀请 Midjourney Bot 进入自己的服务器。

点击左侧小帆船图标的 Midjourney 服务器，进入 Midjourney 首页。然后进入原来的小帆船图标的 Midjourney 服务器，随便选择一个频道，在页面右侧的用户列表中，找到 Midjourney Bot，鼠标左键点击这个 Midjourney Bot，选择“添加至服务器”，在弹窗中选择自己创建的私有服务器进行授

权即可，如图 1－40 和图 1－41 所示。

图 1－40　邀请 Midjourney Bot

图 1－41　添加 Midjourney Bot 到自己的服务器中

把 Midjourney Bot 添加到自己的服务器中之后，在右侧的用户列表中将会显示出来，如图 1－42 所示。

图 1－42　用户列表中的 Midjourney Bot

第 6 节　订阅会员服务

Midjourney 官方规定，一个新注册的用户可以免费体验 25 次，超过这个次数就需要购买会员服务，开通订阅会员服务才能够继续使用。

对很多国内用户来说，Midjourney 会员开通过程不复杂，比较麻烦的是支付问题，最简单的方法是使用威士卡或万事达卡支付。支付流程如下：

（1）在聊天输入框中输入订阅命令“/subscribe”，Midjourney Bot 反馈订阅链接，如图 1－43 所示。

图 1－43　点击“Open subscription page”链接

（2）点击“Open subscription page”链接，打开购买订阅服务页面，如图 1 - 44 所示。

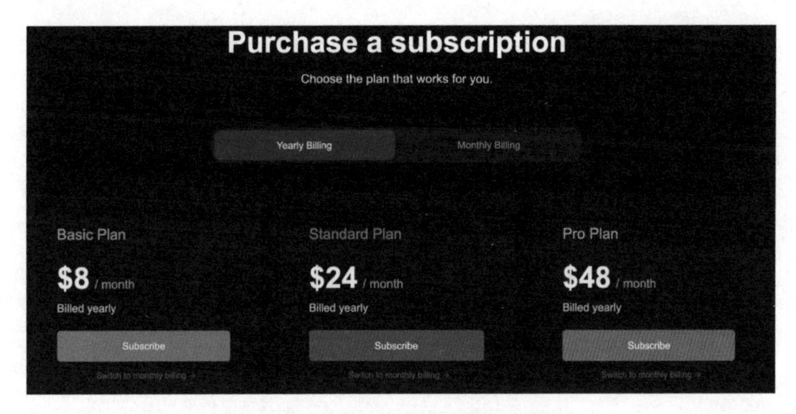

图 1 - 44　购买订阅服务页面

（3）选择订阅计划，跳转到支付页面，如图 1 - 45 所示。填写完支付信息后，点击“订阅”按钮即可完成支付。支付完成后，Midjourney 账号将自动升级为购买的订阅套餐。目前支付宝、国内银联卡或信用卡可以用于支付。

图 1 - 45　支付页面

务必注意，支付完成后应立即关闭自动续费选项，以防止在下个月被自动扣费（可以通过返回充值订阅选择界面，选择“管理”选项来取消该计划）。

Midjourney 提供两种计费方式——年度计费和月度计费，其中月度计费分为 10 美元、30 美元、60 美元、120 美元四个不同的等级。对于年度订阅，Midjourney 提供了一定的优惠：价格打八折。用户可以根据自身的需求来选择适合自己的订阅方式。

（1）基础套餐（Basic Plan）：10 美元的基础套餐按照生成图像的数量来计费，生成图像的总时间约为 20 分钟，总的图像数量约为 200 张。在此套餐中，无论是输入关键词生成图像，还是点击 U 或 V 按钮，都会消耗掉一张图像，总时长或总图像量会减少一张。因此，此套餐的性价比相对较低。

（2）标准套餐（Standard Plan）：30 美元的标准套餐提供了 15 小时的快速生成时间，不需要排队等待，分辨率更高，并且可以生成无限数量的图像。此外，用户还可以访问会员画廊，查看其他人的图像和提示词。因此，此套餐的性价比相对较高，是大多数用户的首选。

（3）专业套餐（Pro Plan）：60 美元的专业套餐在标准套餐的基础上增加了快速生成时间（共 30 小时），最重要的是，它提供了私密生成服务，生成的图像不会出现在会员画廊中，保护了用户的隐私。如果用户有这方面的需求，可以考虑选择此套餐。

（4）大型套餐（Mega Plan）：120 美元的大型套餐是 Midjourney 在 2023 年 7 月新增的一种订阅方式，它提供了 60 小时的快速生成时间，是 Midjourney 重度使用者或频繁使用的专业设计师的最佳选择。

第 7 节　第一幅 AI 绘画作品与图像操作

在前面所有的准备步骤完成后，就可以开启 AI 艺术旅程，创作第一

幅AI绘画作品了。

1. 第一幅AI绘画作品

首先，在输入框中输入“/imagine”指令，然后按下Enter键，Midjourney会提供一个提示词输入框，用来输入描绘图像的提示词（见图1-46）。由于Midjourney不支持中文，因此只能输入英文提示词。例如，如果希望生成一只可爱的小猫咪，可以输入英文提示词“a cute kitten”（见图1-47）。在确认无误后，再次按Enter键，稍等片刻，Midjourney便会创作出四幅可爱的小猫咪图像（见图1-48），俗称四宫格图像。

图1-46　提示词输入框

图1-47　输入提示词

单击四宫格图像，即可在浏览器中打开高清图像（见图1-49）。

对每次生成的四宫格图像都可以进行放大（Upscale）、缩小（Zoom Out）、变异（Variation）、平移（Panning）等操作。在四宫格图像下方，有两排带有字母U和V的按钮（见图1-50），这些按钮分别代表了放大和变异操作，同时还有一个刷新按钮，用来重新生成四幅新图像。

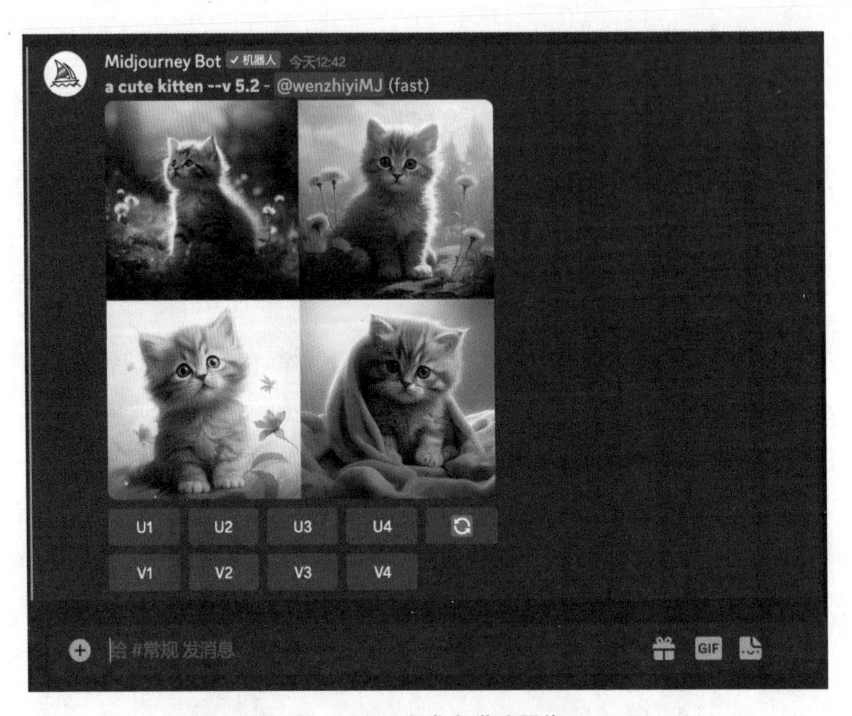

图1-48 生成小猫咪图像

图1-49 小猫咪四宫格图像

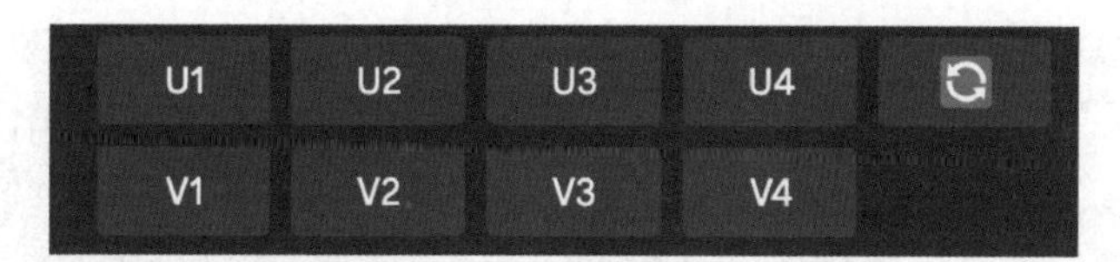

图 1-50 放大和变异操作按钮

2. 放大与缩小操作

（1）放大操作。每次生成的四宫格图像下方都有一排 U 按钮，用于对图像进行初次放大操作。U1、U2、U3、U4 按钮分别对应放大四幅不同的图像，U1 放大左上图，U2 放大右上图，U3 放大左下图，U4 放大右下图。例如，单击 U2 按钮，Midjourney 便会对第 2 幅图像（右上图）进行放大处理，让细节更加清晰显现（见图 1-51）；单击 U4 按钮，Midjourney 便会对第 4 幅图像（右下图）进行放大处理（见图 1-52）。

图 1-51 单击 U2，放大第 2 幅小猫咪图像

图 1-52 单击 U4，放大第 4 幅小猫咪图像

（2）缩小操作。对图像进行放大后，图像下方出现一排 Zoom Out 按钮（见图 1-53）。Zoom Out 是摄像技术用语，是指相机用变焦距镜头使景物缩小，即将景物拉远。Zoom Out 功能相当于把镜头拉远，使捕捉到的视野范围更大，Midjourney 将智能填充边角细节。下面看一下这个功能是如何使用的。

图 1－53　图像 Zoom Out 按钮

1）Zoom Out 2x：在原来的图像边缘填充 2 倍的细节内容。

2）Zoom Out 1.5x：在原来的图像边缘填充 1.5 倍的细节内容。

3）Custom Zoom：自定义缩小调整，会弹出对话框，可以调整缩小的提示词以及图像比例。

例如，在第 4 幅放大图像的基础上，单击“Zoom Out 2x”按钮后，图像的镜头被拉远，猫咪图像变小，周围背景变得更广阔，Midjourney 智能填充了周围的细节，缩小后的图像如图 1－54 所示。

图 1－54　单击 Zoom Out 2x 按钮后的图像效果

如果想要缩小更大的倍数，多做几次 Zoom Out 就可以了。以图 1－54 为例，原图与多次缩小后的图像效果对比如图 1－55 至图 1－58 所示。

图 1－55　猫咪原图像

图 1－56　第 1 次 Zoom Out 2x，缩小 2 倍

图 1－57　第 2 次 Zoom Out 2x，缩小 4 倍

图 1－58　第 3 次 Zoom Out 2x，缩小 8 倍

Custom Zoom 按钮可以自定义修改倍数和尺寸，它可以修改图像尺寸、扩展倍数。选择“Custom Zoom”会弹出一个对话框，在该对话框中可进行提示词内容的修改。

例如，单击“Custom Zoom”按钮，在弹出的对话框中，把图像比

例设置为 16∶9，缩小比例调整为 1.2（见图 1－59），生成的新图像如图 1－60 所示。

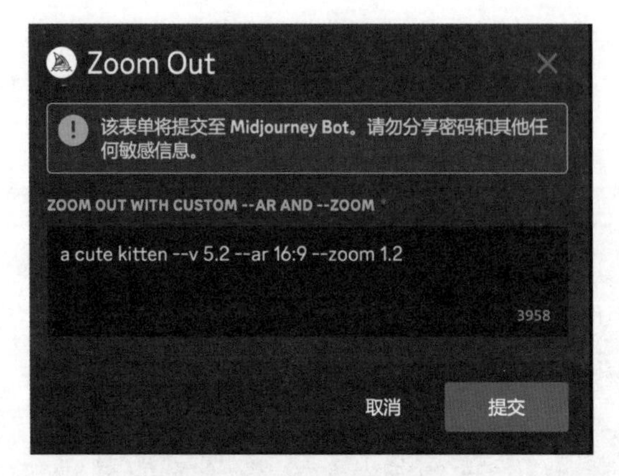

图 1－59　自定义缩小比例

图 1－60　缩小 1.2 倍的猫咪图像

3. 变异操作

对图像进行变异操作有两种方式：一种是四宫格图像变异操作，另一

种是放大图像变异操作。

（1）四宫格图像变异操作。在四宫格图像下面有一排 V 按钮，V1、V2、V3、V4 按钮分别代表对四幅图像进行变异操作。选择任意 V 按钮，Midjourney 将在用户选中的图像基础上再生成四幅新的图像（见图 1-61）。

图 1-61 对猫咪图像进行变异操作

继续以前面生成的小猫咪为例，单击 V3 按钮（见图 1-61）后，Midjourney 会在第 3 幅生成图像的基础上再创作出四幅新的小猫咪图像，如图 1-62 所示。

图 1 - 62　点击 V3 变异第 3 幅小猫咪图像

（2）放大图像变异操作。如果继续对放大后的图像进行调整，可以选择该图像下方的变异按钮进行操作（见图 1 - 63）。

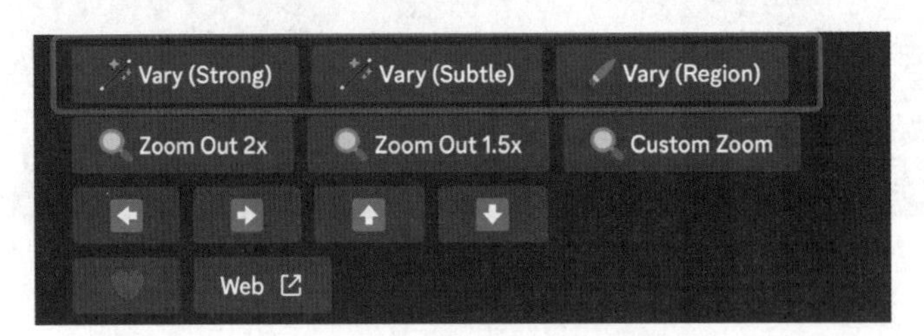

图 1 - 63　放大图像的变异操作按钮

1）Vary（Strong）：变体强，表示对图像进行大调整，点击后生成的四幅图相比原图变化很大。

2）Vary（Subtle）：变体弱，表示新生成的四幅图跟原图内容几乎一

致，只是改变了一些细节。

3）Vary（Region）：对已生成图像的局部或细节进行修改，不需要重新创建一幅全新作品。

继续以小猫咪为例，对第 4 幅放大后的猫咪图像进行变异操作，单击“Vary（Strong）”按钮，生成的新图像如图 1-64 所示。

图 1-64　Vary（Strong）猫咪效果图

下面重点介绍 Vary（Region）功能。这是 Midjourney 在 2023 年 8 月底推出的新功能。Vary（Region）的意思是“局部变化”，作用和 Stable Diffusion 中的 Inpainting（局部重绘）是一样的。

Vary（Region）支持 V 5、V 5.1、V 5.2 和 Niji 5 这四个版本，和之前的 Zoom Out 功能一样，需要先在 Midjourney 中生成一幅四宫格图像，

放大其中的一幅图像后，Vary（Region）的按钮选项才会出现。

以给人物换装为例演示 Vary（Region）的用法。

在提示词输入框中输入如下提示词：

Prompt：a Korean beauty wearing a white camisole and green shorts

提示词：一位身穿白色背心和绿色短裤的韩国美女

生成的图像如图 1－65 所示。

图 1－65　韩国美女

选择第 2 幅图像进行放大操作，生成的放大后的图像如图 1－66 所示。

单击图像下方的“Vary（Region）”按钮（见图 1－67）。

图 1-66　放大后的韩国美女

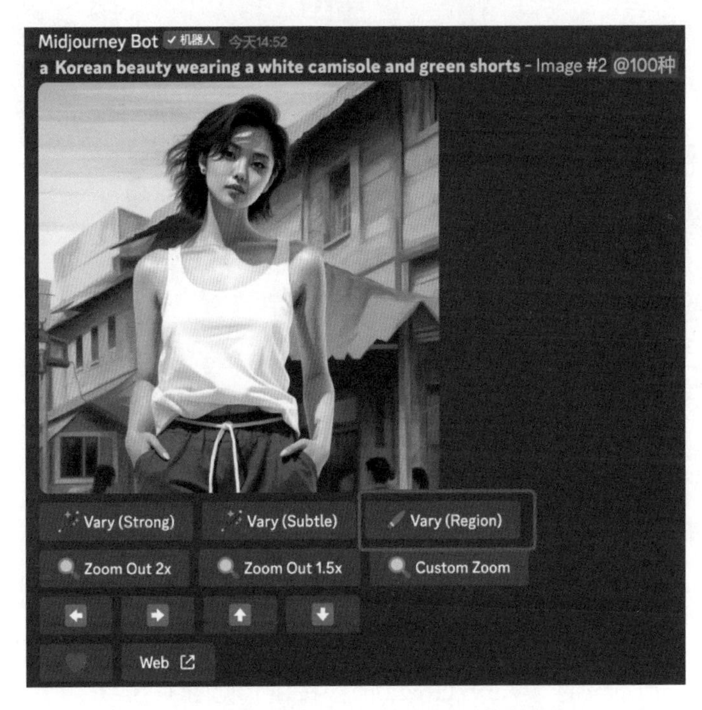

图 1-67　单击“Vary（Region)”按钮

弹出一个编辑框，在该框中可以用矩形框选工具或套索工具选择需要修改的部分，在输入框中输入要修改部分的新的提示词（见图 1-68），然后提交，Midjourney 就会重新生成这一部分的内容。选框支持合并多次选择的区域，点击左上角的环形箭头图标可以撤销上一步操作，再重新选择。

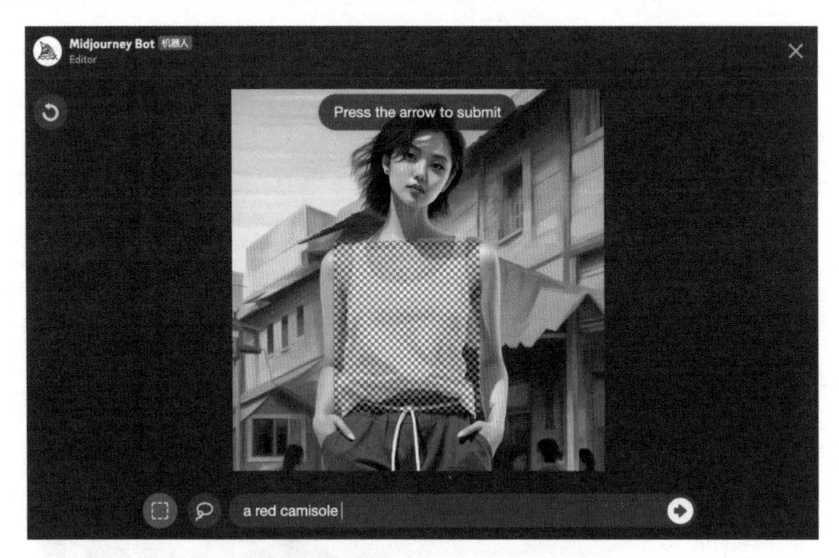

图 1-68　选择修改区域并输入新的提示词

笔者对韩国美女的背心进行修改，由白色改为红色，新生成的图像如图 1-69 所示。

图 1-69　身穿红色背心的韩国美女

4. 平移操作

2023 年 7 月初，Midjourney 推出图像平移功能，如图 1－70 所示，“⬅”“➡”“⬆”“⬇”箭头按钮分别表示向左、向右、向上、向下平移图像。

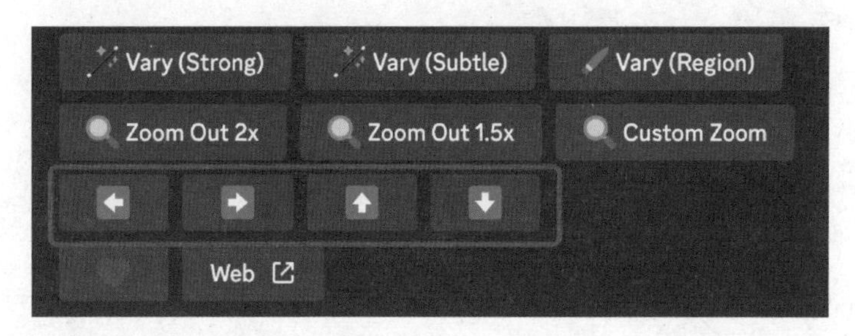

图 1－70　图像平移功能按钮

继续以身穿红色背心的韩国美女为例，单击图像下方的向左平移“⬅”按钮，生成的图像如图 1－71 所示。

图 1－71　单击向左平移按钮后的图像效果

单击图像下方的向下平移“⬇”按钮，生成的图像如图 1－72 所示。

图 1－72　单击向下平移按钮后的图像效果

第 2 章/*Chapter Two*

功能全掌握

如果要充分利用 Midjourney 强大的 AI 绘画功能，那么以下三方面的基本技能是必不可少的：理解常用命令和参数的用法、掌握提示词的编写技巧以及了解如何综合运用这些基本技能来创作出满足需求的艺术作品。

首先，理解常用命令和参数的用法是关键。Midjourney 的各种指令与参数可以帮助用户精细控制生成的艺术作品，使其更符合预期。例如，可以通过上传图像、设置颜色模式、调整图像大小等参数来设定生成图像的基本框架。这就像艺术家在画布上勾勒出大体轮廓，为后续的细节描绘打下基础。掌握这些命令和参数的用法能让用户更好地驾驭 Midjourney 并实现个性化的创作。

其次，掌握提示词的编写技巧也是非常重要的。在 Midjourney 中，提示词可以看作向 AI 表达用户创作意图的语言。可以通过提示词描述想要的作品风格、主题、色彩、氛围等，Midjourney 会根据这些提示词生成相应的艺术作品。例如，如果想要一幅温暖而宁静的夕阳景色图像，那么可以使用“温暖的夕阳，宁静的湖面”这样的提示词。理解如何有效地编写提示词将有助于在 Midjourney 中进行更精细、更具创造性的创作。

最后，了解如何综合运用这些基本技能是使用户的创作达到最佳效果的关键。知道何时应用某种参数，如何调整提示词，以及如何在不同情况

下调用不同的命令，都将对用户的 AI 绘画产生影响。例如，如果你在创作一幅夜晚的城市风光画，那么可能需要通过命令和参数设置正确的颜色模式和图像大小，同时，也需要通过精心编写的提示词来描述夜晚城市的独特氛围和细节。

总的来说，理解常用命令和参数的用法、掌握提示词的编写技巧以及了解如何综合运用这些基本技能将帮助用户在 Midjourney 中实现自己的艺术创作愿景。

第1节 常用指令

Midjourney 的大部分操作是通过指令来完成的。要想成为一名 Midjourney 熟练用户，理解并掌握各类指令是必不可少的环节。本节将深入探讨一些常见的 Midjourney 指令（见表 2-1），详细解析它们的作用和用法，旨在帮助读者更好地理解和应用这些强大的创作工具。

表 2-1 常见指令

序号	指令	作用
1	/imagine	通过输入提示词生成图形图像
2	/settings	查看和调整 Midjourney Bot 的设置
3	/subscribe	为用户的账户页面生成个人链接
4	/ask	得到一个问题的答案
5	/info	查看账户的使用情况
6	/describe	根据上传图像生成文本提示词
7	/help	显示 Midjourney Bot 提示的帮助
8	/blend	将多个图像混合在一起生成新图像
9	/shorten	让 Midjourney 精简提示词
10	/show	使用 job_id（图像 ID）重新生成图像
11	/prefer option set	创建或管理自定义选项
12	/prefer option list	查看当前的自定义选项
13	/prefer suffix	指定要添加到每个提示词末尾的后缀

1. /imagine 生成图像指令

/imagine 是 Midjourney 中最基本、最重要的指令，主要用来生成图形图像。在/imagine 中输入提示词（见图 2-1，关于提示词的内容将在本章第 3 节详细讲解），然后按下 Enter 键，稍等片刻，就可以看到 Midjourney 把这些文字转化成了精美的图像。这个指令是 Midjourney 的核心指令，也是用户在 AI 绘画旅程中最重要的伙伴。

图 2-1 在/imagine 指令中输入提示词

例如，在/imagine 中输入提示词“a red tulip”（红色郁金香），Midjourney 生成的图像如图 2-2 所示。

图 2-2 红色郁金香

2. /settings 设置指令

/settings 指令主要用于 Midjourney 的操作设置，提供了一系列创作工具的调整按钮。通过这个指令提供的界面，用户可以切换模型版本，调整图像的风格和质量，选择不同版本的放大器，以及设定生成图像的速度，甚至是选择公开或隐私模式等。简单来说，/settings 指令提供了 Midjourney 创作工具的微调和精细操控功能。在输入框中输入/settings 指令之后，Midjourney 返回设置界面，如图 2-3 所示。

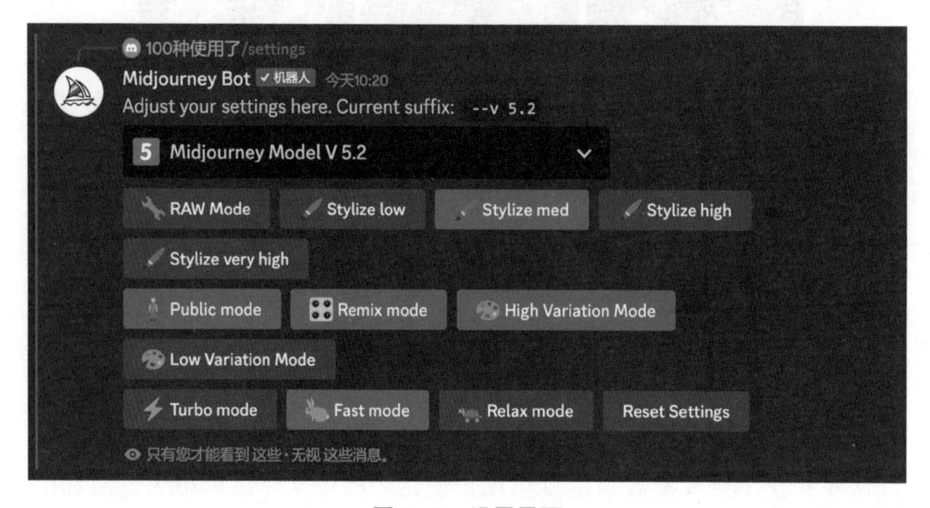

图 2-3　设置界面

(1) 版本选择。在这个设置界面中，最上面是选择模型版本，目前 Midjourney 提供的版本包括：V 1 至 V 5.2 以及 Niji 4 和 Niji 5。各版本差异较大，版本越高，生成的图像质量越高。

下面使用提示词“lotus”(荷花)，分别用 V 1 至 V 5.2 版本的模型生成图像进行对比，如图 2-4 所示。

从 V 1 至 V 5.2 的版本迭代，我们能够清晰地观察到 Midjourney 的进化方向：

1) 细节丰富且真实。早期 V 1 和 V 2 版本的作品就像简笔画，但随

图 2-4　V 1 至 V 5.2 版本的模型生成图像的对比

着版本的升级，到 V 3 版本时，背景与透视的处理变得更为合理。V 4 版本基本就是一个可用的状态。

2）分辨率越来越高。在最初的 V 1 至 V 3 版本，Midjourney 生成的单张图像的分辨率是 256×256。而现在到了 V 5 版本，单张图像默认的分辨率已经达到了 1 024×1 024，其清晰度和精细度都有了大幅提升。

3）提供更多参数和指令，提示词更加重要。随着版本的升级，Midjourney 提供了更多参数和指令供用户使用，使得创作过程更为灵活和个性化。与此同时，提示词的影响力也日益增强，它们的选用和设置将直接影响最终生成的艺术作品的风格和特点。

Midjourney 还提供一类特殊的模型——Niji 4 和 Niji 5 模型，这两个模型专为生成动漫和漫画风格的图像而设计。例如，使用 Niji 5 模型，输入提示词“fancy peacock”（花孔雀），就会生成更偏向于漫画风格的图像，如图 2-5 所示。

（2）Stylize 风格化设置。Midjourney Bot 偏向于生成有艺术色彩、构图和形式的图像。

Stylize 的可调节风格化的程度会有所不同。低 Stylize 生成的图像与提

图 2－5　动漫风格的孔雀图

示词会非常匹配，但艺术性不高；高 Stylize 生成的图像非常具有艺术性，但与提示词的关联较少。不同模型版本的 Stylize 有不同的取值范围（见表 2－2 和表 2－3）。

表 2－2　不同模型版本的 Stylize 取值范围

	V 5、V 5.1、V 5.2、Niji 4、Niji 5	V 4	V 3	Test/Testp
默认值	100	100	2 500	2 500
取值范围	0～1 000	0～1 000	625～60 000	1 250～5 000

表 2-3 设置不同的 Stylize 所代表的值

	Stylize low	Stylize med	Stylize high	Stylize very high
值	50	100	250	750

图 2-6 是使用 V 5.2 版本的不同 Stylize 值生成的苹果插画对比。

图 2-6 Stylize med（左）与 Stylize high（右）

除了通过设定 Stylize 值进行风格化设置，还可以选择在提示词末尾添加风格化参数“--stylize <value>”或者“--s <value>”来实现。这样做的优点是，可以在给定的提示词中直接添加风格化参数，便于快速调整并查看不同风格效果的输出。

（3）切换生成速度设置。在 Midjourney 中，不同套餐拥有不同的月度 GPU 使用额度。月度订阅的 GPU 耗时是指快速模式的使用时间。快速模式尝试立即为用户提供 GPU 的使用权，它是默认的处理级别，并且使用用户订阅的月度 GPU 额度。

在创建图像的过程中，Midjourney 为用户提供了三种不同的处理速度选项（见图 2-7）：Fast mode（快速模式）、Relax mode（放松模式）和 Turbo mode（涡轮模式）。默认情况下，快速模式将会消耗与处理一幅图像所需时间等量的 GPU 分钟数。

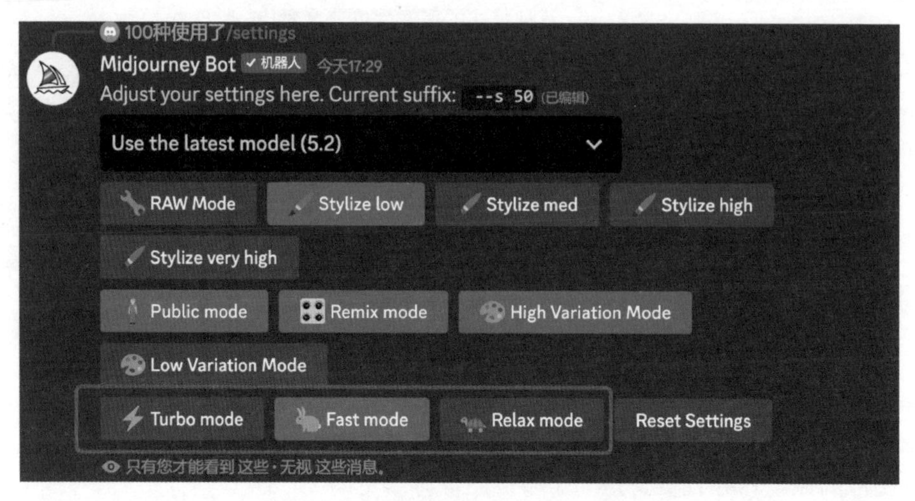

图 2-7　设置生成图像的速度模式

涡轮模式能够比默认的快速模式更快地生成图像。当启用涡轮模式时，Midjourney 会使用其高速实验性 GPU 池，以快速模式 4 倍的速度创建图像。如果生成图像的平均时间大约为 1 分钟，那么涡轮模式大约在 15 秒内就能完成图像的创建，因此会更快地消耗 GPU 耗时。虽然涡轮模式生成图像的速度是快速模式的 4 倍，但 GPU 耗时却仅是快速模式的 2 倍。

至于放松模式，虽然它不会消耗快速模式的 GPU 耗时，但是其处理每项任务所需的时间最长，大约需要 0～10 分钟。启用时，发送给 Midjourney Bot 的任何请求都将被放入队列，并在 GPU 变为可用时开始处理。这个可用性将根据用户在当前月份使用此模式的情况而定，例如，如果用户根本没有使用放松模式或只是偶尔使用，那么等待时间会更短。唯一的问题是，放松模式只适用于订阅了标准、专业和大型套餐的 Midjourney 账户，不适用于 Midjourney 的基础套餐。

三种模式的图像生成速度对比如表 2-4 所示。

表 2－4　三种模式的图像生成速度对比

项目	Fast mode	Relax mode	Turbo mode
耗时/图	1 分钟左右	0～10 分钟	15 秒
GPU 耗时	1 分钟	不消耗	2 分钟
可用性	Basic Plan Standard Plan Pro Plan Mega Plan	Standard Plan Pro Plan Mega Plan	Basic Plan Standard Plan Pro Plan Mega Plan

（4）RAW Mode（原始模式）。原始模式是 V 5.1 和 V 5.2 新增的模式，此模式对提示词的理解更准确，减少了不需要的边框或文本，提升了图像的锐度，并且支持短句子生成图像等（见图 2－8）。

图 2－8　V 5.2 原始模式（左）与 V 5.2 默认模式（右）生成的海豚对比

如果希望让 Midjourney 变得不那么“有主见”，那么可以激活原始模式，以“无主见”的方式生成图像。使用原始模式得到的结果将类似于 V 5 生成的结果，这意味着需要添加更长的提示词，以便工具能够更贴近用户的想象去创建图像。

除了在设置界面选择使用原始模式，还可以通过添加参数“--style

raw”来启用这种模式。这样就可以在需要时切换到原始模式，以适应不同的创作需求。

（5）Public mode（公共模式）。该选项为默认设置，生成的图像以及提示词都会出现在公共画廊中，可以被其他用户查看和使用。与此模式相对应的是 Stealth mode（私人模式），这是专业套餐用户和大型套餐用户特有的展示模式，生成的图像不会被公开展示，只能在个人账户中查看和管理。

（6）Remix mode（混合模式）。使用混合模式可以在各种变化操作中更改提示词、参数、模型版本或长宽比等。混合模式会把原始图像的总体构成作为新工作的一部分。混合模式操作可以帮助改变图像的环境或光线，使主体演变或实现复杂的构图。

混合模式可以通过输入“/prefer remix”命令或使用“/settings”指令并切换混合模式按钮来激活。混合模式会改变图像网格下方的变体按钮（V1、V2、V3、V4）的行为。当启用混合模式后，可以在每次变体时编辑提示词。

例如，开启混合模式后输入下面的提示词：

Prompt：line-art stack of pumpkins

提示词：一堆线条艺术风格的南瓜

生成的图像结果如图 2-9 所示。

点击图 2-9 下方的 V 按钮，弹出修改提示词的对话框，在对话框中输入新的提示词（见图 2-10）：

Prompt：pile of cartoon owls --v 5.2

提示词：一堆卡通猫头鹰

生成的新图像如图 2-11 所示。

（7）High and Low Variation Mode（高低变异模式）。在推出 V 5.2 版本之后，Midjourney 引入了变异模式（Variation Mode），这个设置可以让用户控制 AI 工具如何变异其生成的图像。通过选择喜欢的变异模式，

图 2 - 9　开启混合模式后生成的南瓜堆图像

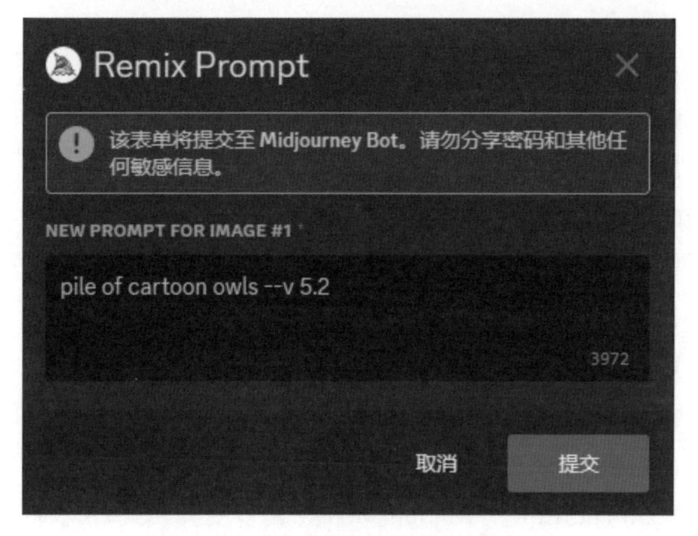

图 2 - 10　在对话框中输入新的提示词

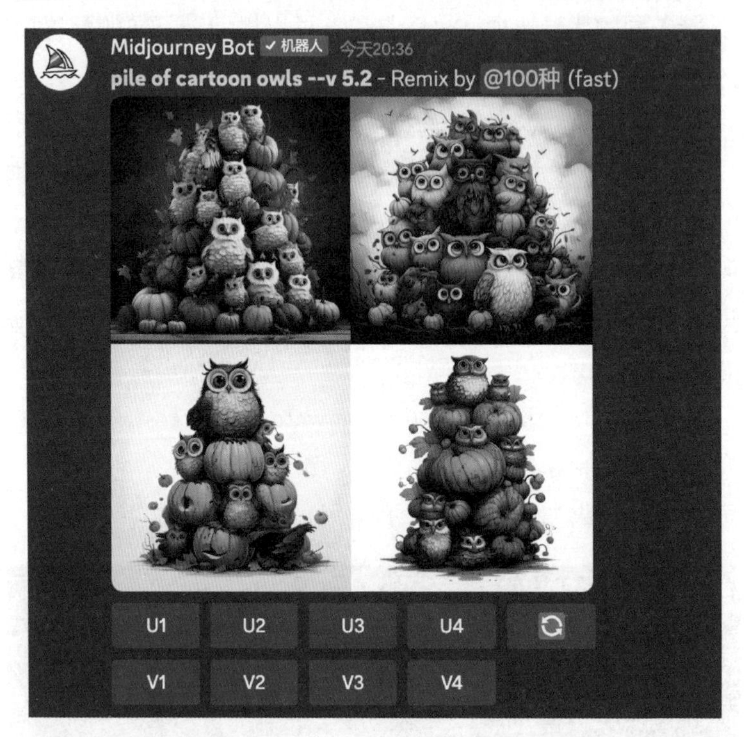

图 2-11　生成的新图像——猫头鹰堆

用户可以决定变异后的图像在视觉上与用 Midjourney 生成的原始图像相比有多大的差异。

Midjourney 提供了两个选择：高变异模式（High Variation Mode）和低变异模式（Low Variation Mode）。默认情况下，设置内容生成为高变异模式，以确保所有变异工作都比之前更加多样化。如果希望生成的结果在视觉上更加一致，可以随时在 Midjourney 的设置中切换到低变异模式。

除了这两种模式外，当放大图像时，还可以选择两种变异结果。当 Midjourney 生成了一张放大的图像时，可以选择“Vary（Strong）”来生成一组与原图相差很大的图像，也可以选择“Vary（Subtle）”来生成一组与原图相似度较高、差异较小的图像。

这意味着用户可以设置偏好的变异模式，同时在 Midjourney 生成变异

输出时选择不同的变异选项。也就是说，可以以四种不同的配置创建一个图像的变异输出。

1）启用高变异模式，然后选择“Vary（Strong）”作为输出图像；

2）启用低变异模式，然后选择“Vary（Strong）”作为输出图像；

3）启用高变异模式，然后选择“Vary（Subtle）”作为输出图像；

4）启用低变异模式，然后选择“Vary（Subtle）”作为输出图像。

例如，使用下面的提示词，启用高变异模式，然后选择“Vary（Strong）”作为输出图像。

Prompt：tall mystical Burmese waterfall，forest

提示词：神秘高大的缅甸瀑布，森林。

生成的图像结果如图 2－12 所示。

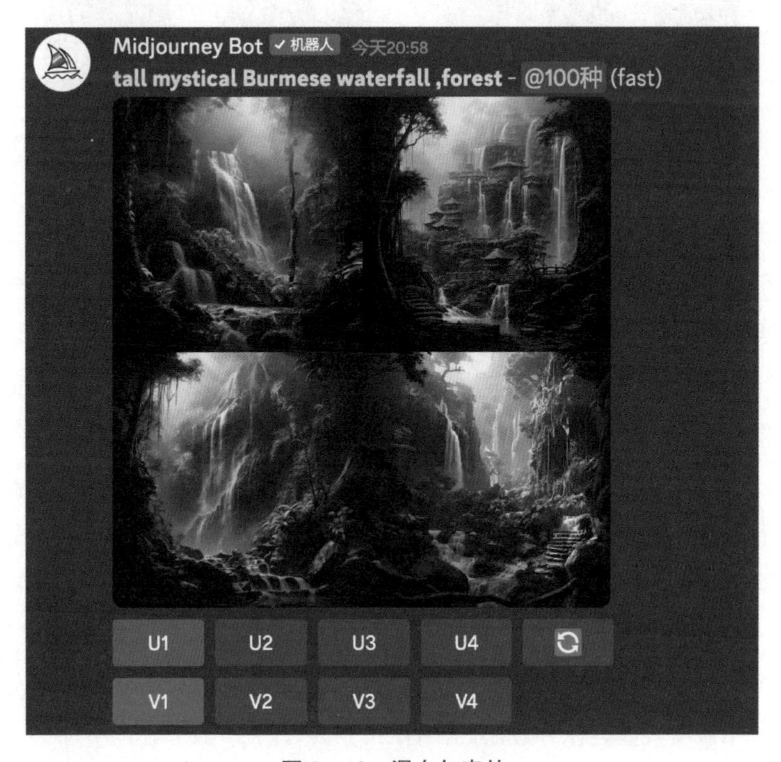

图 2－12 瀑布与森林

点击 U1 放大第一幅图像，如图 2－13 所示。

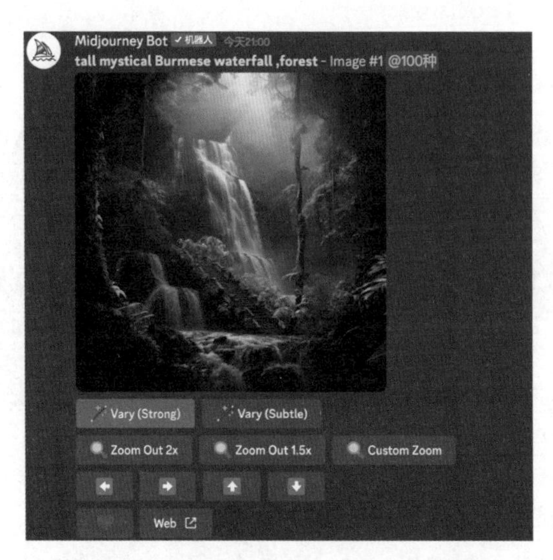

图 2－13　第一幅瀑布与森林放大效果图

点击“Vary（Strong)”按钮进行变异，变异后的图像如图 2－14 所示。

图 2－14　第一幅瀑布与森林再次变异后的效果图

3. /subscribe 订阅指令

使用/subscribe 指令可生成指向订阅页面的个人链接，如图 2 - 15 所示。

图 2 - 15 订阅套餐链接

目前共有四种订阅套餐，分别是基础套餐、标准套餐、专业套餐、大型套餐。订阅套餐如果按年支付，享受八折优惠。各个订阅套餐的比较如表 2 - 5 所示。

表 2 - 5 订阅套餐比较

	基础套餐	标准套餐	专业套餐	大型套餐
月费	10 美元	30 美元	60 美元	120 美元
年费	96 美元	288 美元	576 美元	1 152 美元
快速 GPU 耗时	3.3 小时	15 小时	30 小时	60 小时
慢速 GPU 耗时	—	无限	无限	无限
隐身模式	—	—	√	√
最大队列	3 个并发作业	3 个并发作业	12 个并发作业	12 个并发作业

未使用的每月快速 GPU 耗时不会累积到下个月。用户可以随时选择升级或降级套餐。在升级时，可以选择让升级立即生效，或等待当前的计费周期结束后再生效。如果选择立即升级，那么 Midjourney 将按照升级套餐所使用的比例计算并调整价格。而套餐降级则总是在当前计费周期结束时生效。

如果快速 GPU 耗时已用尽，并且希望在下次月度订阅到期前购买更多耗时，就可以选择以每小时 4 美元的价格购买额外的快速 GPU 耗时。这些额外费用将按使用用量计算，并将在月底或达到账单阈值（即基础套餐的月度价格）时扣款。

4. /ask 询问指令

通过/ask 指令可以向 Midjourney 提问，例如，“what is Remix?” Midjourney 给出的答案如图 2-16 所示。

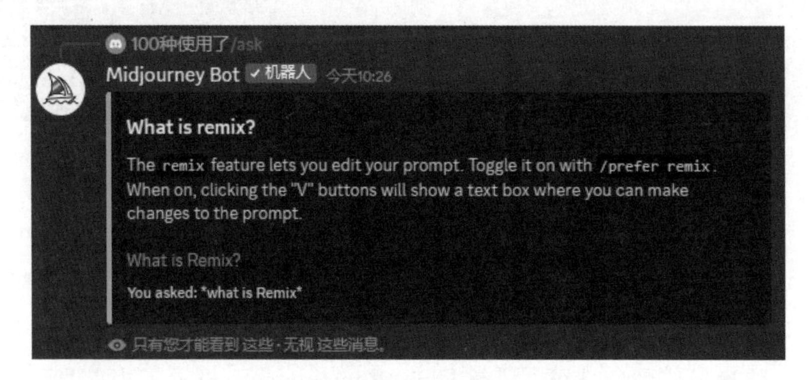

图 2-16 向 Midjourney 询问问题

5. /info 信息指令

/info 指令可以查看自己的账户信息，包括订阅、累计使用量、快速模式剩余时间等（见图 2-17）。

这些信息解释如下：

• 订阅（Subscription）：此部分显示了当前的订阅等级和下次续订的日期。

• 工作模式（Job Mode）：此部分显示了当前是否在快速模式或者放松模式下工作。需要注意的是，放松模式只适用于标准套餐和专业套餐的订阅用户。

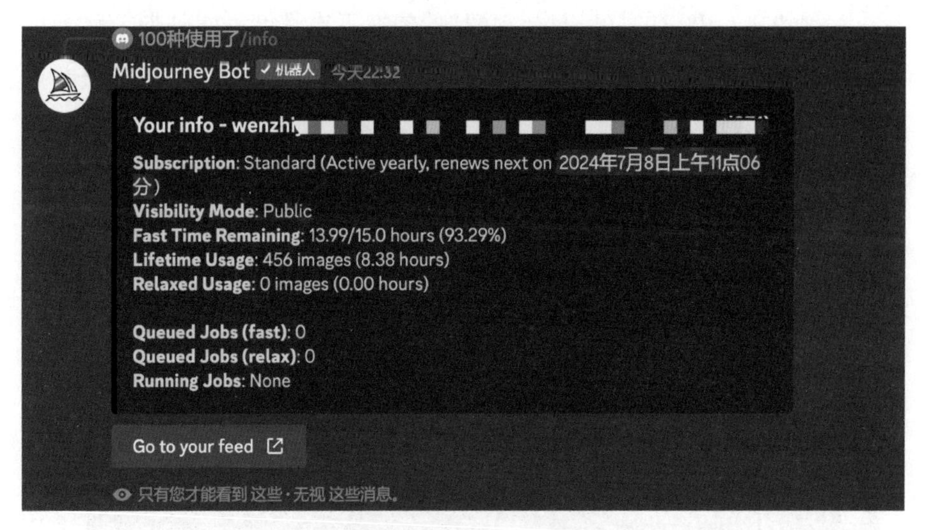

图 2-17　个人账户信息

• 可见性模式（Visibility Mode）：此部分显示了作品是在公开（Public）模式还是隐私（Private）模式下展示。隐私模式只适用于专业套餐的订阅用户。

• 快速模式剩余时间（Fast Time Remaining）：显示了当前月份剩余的快速模式使用时间。每个月的快速模式时间会被重置，未使用的时间不会累积到下个月。

• 累计使用量（Lifetime Usage）：显示在此账号下创建的所有图像的总数，包括初始的图像网格、放大图像、变异图像和 Remix 图像等。

• 当月放松模式使用（Relaxed Usage）：显示了当前月份的放松模式使用情况。对于频繁使用放松模式的用户，可能会面临稍长的等待时间。每个月的使用情况会被重置。

• 排队中的工作（Queued Jobs）：显示了当前在排队等待生成的图像数量。最多可以同时有 7 个图像生成任务排队。

• 运行中的工作（Running Jobs）：显示了当前正在处理的图像生成数量。最多可以同时运行 3 个图像生成任务。

6. /describe 描述指令

/describe 指令允许上传一张图像，并根据该图像生成四个可能的描述。可以使用/describe 指令来扩展提示词和理解新的美学趋势。

使用该指令的步骤如下：

（1）输入/describe 指令，按下 Enter 键，显示如图 2-18 所示的界面。

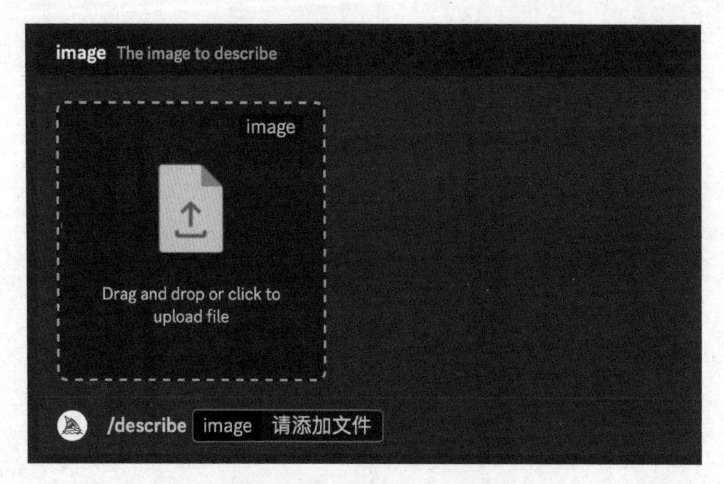

图 2-18　输入/describe 指令

（2）上传图像，显示如图 2-19 所示的界面。

图 2-19　上传图像

（3）按下 Enter 键，显示描述该图像的四组提示词，如图 2－20 所示。

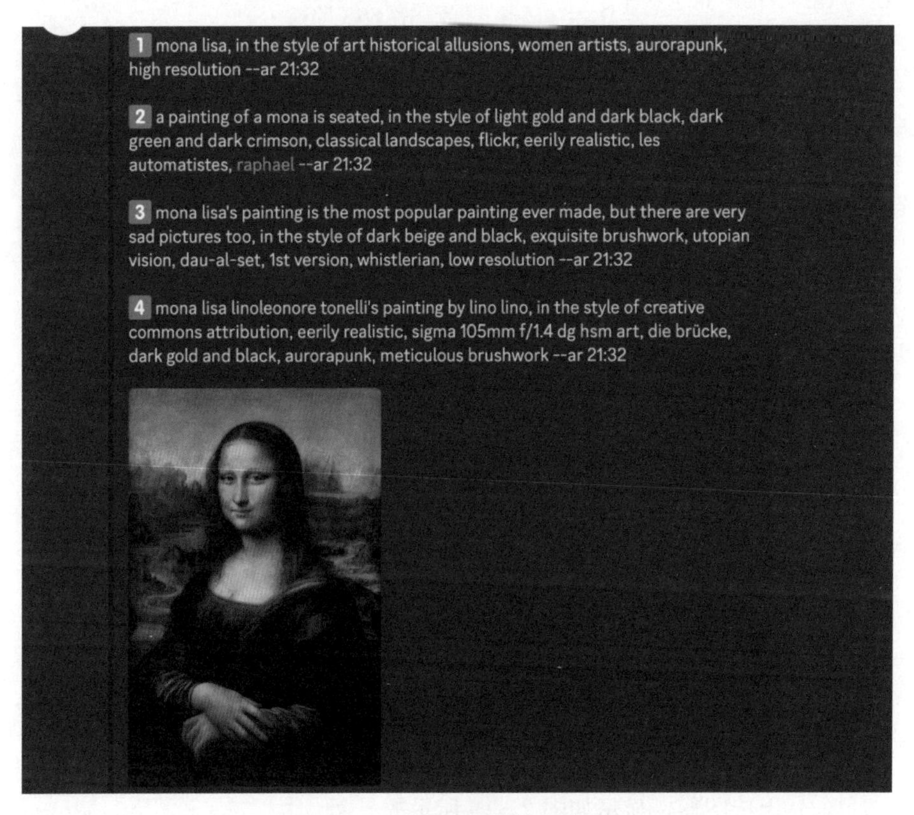

图 2－20　显示该图像的四组提示词

7. /help 帮助指令

与其他许多软件工具相似，/help 指令是一站式解答中心，提供了一系列使用指南（见图 2－21）。尽管这个指令可能并不常用，但对于刚开始接触 Midjourney 的用户而言，它无疑是一个极具价值的引导指令。

8. /blend 混合指令

/blend 指令允许快速上传 2～5 张图像，然后分析每张图像的概念和美学特征，将它们融合为一张全新的图像。

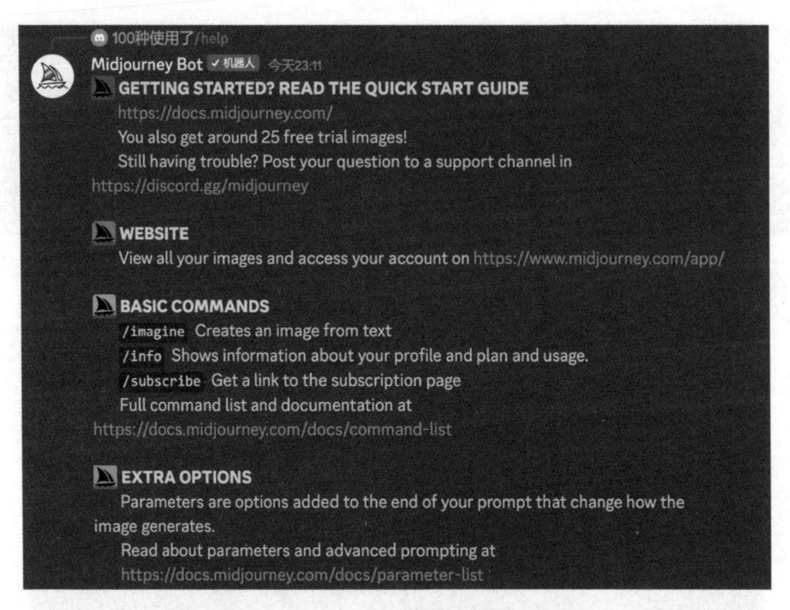

图 2-21 通过/help 指令打开的帮助页面

/blend 指令使用步骤如下：

（1）输入/blend 指令后，系统会提示上传两张图像，如图 2-22 所示。如果需要添加更多图像，点击指令框上方的增加图像，并选择 image3、image4 或 image5，如图 2-23 所示。

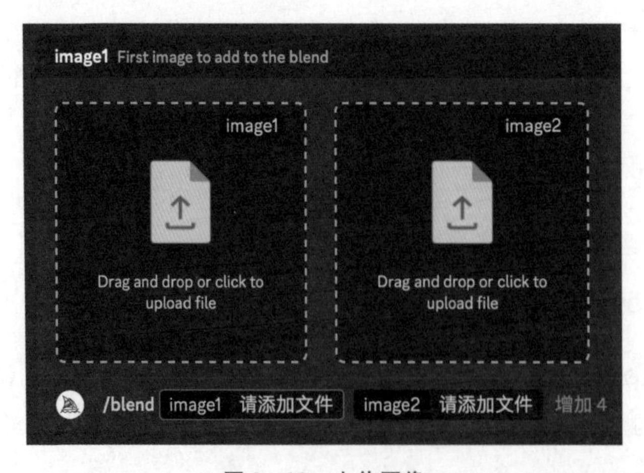

图 2-22 上传图像

图 2－23　上传更多图像

（2）上传图像。点击上传图像的按钮，选择图像并上传，如图 2－24 所示。

图 2－24　选择图像上传

（3）设置融合宽高比参数。融合生成图像的默认宽高比为 1∶1，可以使用 dimensions 字段进行设置（见图 2－23），从 square（1∶1）、portrait 宽高比（2∶3）或 landscape 宽高比（3∶2）之间进行选择。

（4）设置完宽高比后，按下 Enter 键，即可生成混合图像，如图 2－25 所示。

9. /shorten 精简指令

/shorten 指令的功能在于分析提示词，标注出哪些是重要的词汇，哪些是非必要词汇。这个指令可以优化提示词，把注意力集中在最关键的词汇上。

图 2-25　混合图像

Midjourney Bot 会将提示词解构为更小的单位，称作令牌（tokens）。这些令牌可以是短语、单词甚至音节。Midjourney Bot 会把这些令牌转化为它能理解的格式，它会运用在训练过程中所学习的关联模式来引导图像的生成过程。可以把令牌想象为帮助 Midjourney Bot 理解输入并创造出期望的视觉输出的基础构件。

过长的提示词，包括不必要的词语、烦琐的描述、诗意的表述或者直接对 Midjourney Bot 的称呼（如"请为我创建一个图像""感谢你的帮助，Midjourney Bot!"），可能会导致图像中出现预料之外的元素。/shorten 指令就能够协助找出提示词中最重要的词汇以及可能会省略的词汇。例如下面的提示词：

Prompt：Please create a whimsical majestic tower of donuts，intricately crafted and adorned with a mesmerizing array of colorful sprinkles. Bring this sugary masterpiece to life，ensuring every detail is rendered in stunning magical realism. Thank you!

提示词：请创作一个精巧制作的甜甜圈塔，它饰有一系列令人眼

花缭乱的彩色糖霜。赋予这个糖果作品生命，确保每个细节都以惊人的魔幻现实主义呈现。谢谢！

使用/shorten 指令精简提示词，Midjourney 返回如图 2－26 所示的信息。

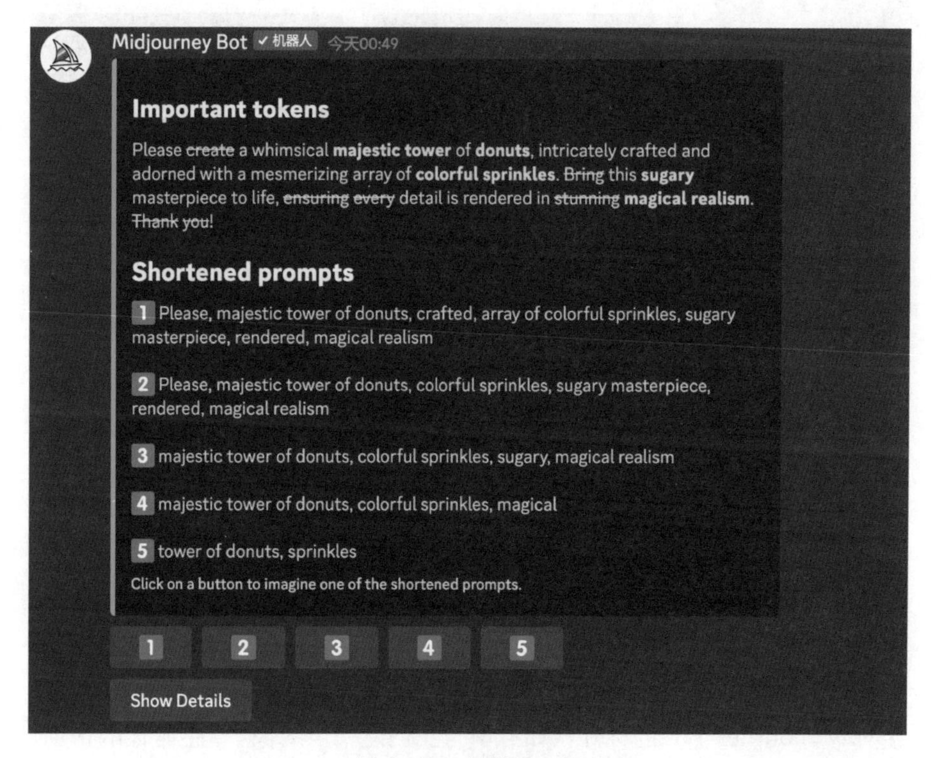

图 2－26 精简提示词

在精简提示词时，最重要的词汇以粗体突出显示，最不重要的以删除线显示。根据这些信息，还将给出五个可能的较短提示词。使用第三个提示词，生成的图像如图 2－27 所示。

10. /show 展示图像指令

可以使用/show 指令和唯一的 job_id 将生成的图像移动到另一个服务器或频道、恢复丢失的图像、刷新旧图像以制作新图像、升级或使用较新

图 2－27　雄伟的甜甜圈塔

参数和功能。/show 仅适用于用户自己的作业。

job_id 是 Midjourney 生成的每个图像所使用的唯一标识符。job_id 的格式类似于 9333dcd0-681e-4840-a29c-801e502ae424，可以在所有图像文件名的第一部分、网站上的 URL 和图像文件名中找到。

当查看从库中下载的图像时，job_id 在文件名的最后一部分。例如文件名：

wenzhiyi141319_majestic_tower_of_donuts_colorful_sprinkles_suga_***27732ac5-c104-46ff-8b4a-9ef86c025e7b***.png

其中斜体加粗的部分就是 job_id。

在任何一个频道均可使用“/show <job_id>”来查看指定作业，例

如使用上面的 job_id 就可以找回以前生成的图像，如图 2－28 所示。

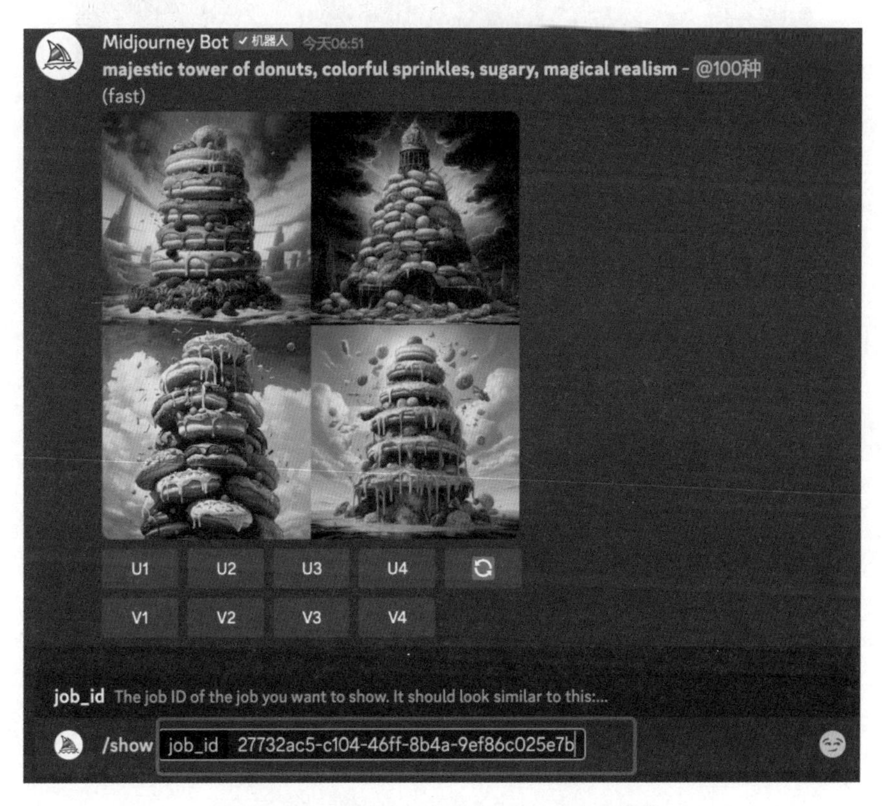

图 2－28 通过 job_id 找回以前生成的图像

11. /prefer option 设置与查看偏好参数指令

在使用 Midjourney 的过程中，是否觉得每次输入大量参数和指令过于烦琐？

本部分内容将介绍一个极其实用的指令：/prefer option set。该指令能帮助自定义一系列参数，然后在之后的操作中直接调用这些预设参数，无须反复输入。这不仅能大大节省输入时间，还能有效避免因输入错误而引发的不必要的困扰。

（1）设置偏好参数。首先，在输入框中输入/prefer option set 指令。

然后，输入想要设置的参数名称，比如“no_white”。接下来，点击上方的“value”，在输入框中输入要设置的参数。如图 2 - 29 所示。

/prefer option set　option　no_white　value　--no white --ar 7:4

图 2 - 29　设置偏好参数

输入完毕后，按下 Enter 键，系统会返回一个消息，告诉用户参数添加成功，如图 2 - 30 所示。

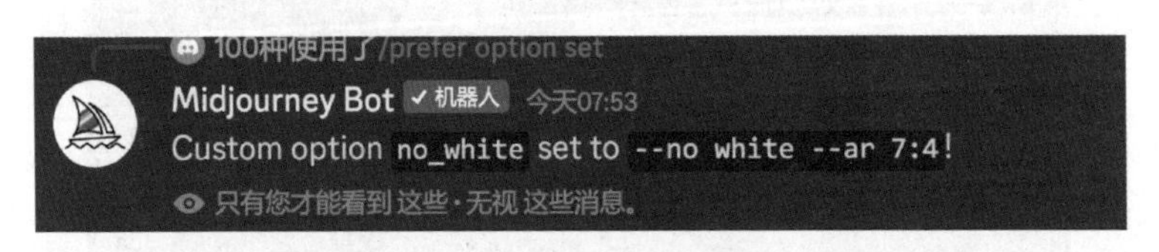

图 2 - 30　设置偏好参数成功

接下来就可以在后续操作中直接调用这些参数了。例如下面的提示词：

Prompt：vibrant Dutch tulip --no_white

提示词：生机勃勃的荷兰郁金香

相当于

Prompt：vibrant Dutch tulip --no white --ar 7∶4

提示词：生机勃勃的荷兰郁金香

最后显示如图 2 - 31 所示的图像。

（2）查看偏好参数。如果想查看当前所有的自定义参数，那么可以使用/prefer option list 指令。输入指令后，系统会列出所有自定义参数的名称和相应的值（见图 2 - 32）。

（3）删除偏好参数。如果不再需要某个自定义参数了，那么可以使用/prefer option set 指令来删除它。输入指令后，系统会列出当前所有自定义参数的名称。在列表中选择想要删除的参数名称，然后按下 Enter 键即可。系统会返回一个消息，告诉用户参数删除成功。

图 2-31 郁金香

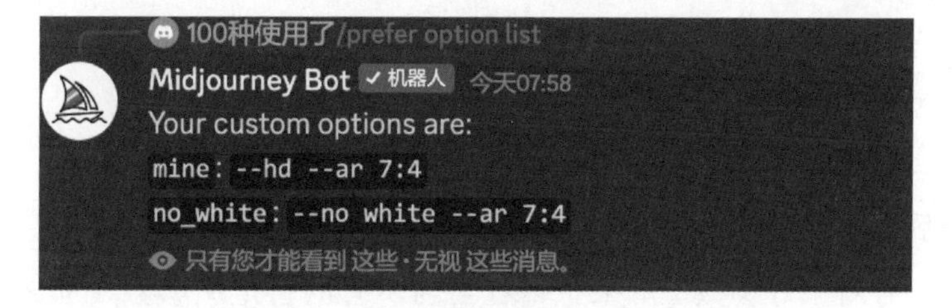

图 2-32 列出设置的偏好参数

12. /prefer suffix 后缀偏好设置指令

/prefer suffix 指令会在所有提示词后自动附加指定的后缀参数，只有参数才可以使用这个指令，不支持提示词。如果想清除这个后缀，通常使用/settings 指令并选择“Reset Settings”（重置设置）即可。如果需要清

除之前设置的后缀，则只需要再次输入，内容为空保存。

第 2 节　常用参数

Midjourney 的参数是添加到提示词中的选项，用于调整图像的生成方式。例如，参数可以调整图像的宽高比，切换 Midjourney 模型的版本，或更改所使用的升级器等。

这些参数始终添加在提示词的末尾，并且用户可以为每个提示词添加多个参数。

目前参数分为四类：基本参数、模型版本参数、升频参数、其他参数。下面对这些参数进行介绍。

(1) aspect ratios (宽高比)。aspect 或 ar 参数会改变生成图像的宽高比，通常用两个数字加比号分隔表示，例如 7∶4 或 4∶3。系统默认宽高比是 1∶1。参数格式如下：

--aspect <value>∶<value> 或者 --ar <value>∶<value>

aspect 的值需要使用整数，比如，使用 15∶10 代替 1.5∶1。宽高比会影响生成图像的形状和构图。在进行升频操作时，宽高比可能会略微改变。

不同的模型版本有不同的宽高比限制（见表 2-6）。

表 2-6　不同模型版本的不同宽高比

	V 5	V 4	Niji 5
宽高比	任意	1∶2 至 2∶1	任意

ar 参数可以接受从 1∶1（正方形）到每种模型的最大宽高比之间的任何比例。然而，在图像生成或提升质量的过程中，最终的输出可能会稍作调整。例如：使用提示词“--ar 16∶9(1.78)”创建的图像具有 7∶4 (1.75) 的宽高比。

常见的宽高比有：

--aspect 1∶1，默认宽高比。

--aspect 5∶4，常见的画框和打印的宽高比。

--aspect 3∶2，印刷摄影中常见的宽高比。

--aspect 7∶4，接近高清电视屏幕和智能手机屏幕的宽高比。

运行如下提示词，将得到如图 2-33 所示的图像。

Prompt：green landscape painting，mountain，lake --ar 7∶4

提示词：青绿山水画，山，湖

图 2-33 青绿山水画（ar 7∶4）

（2）chaos（混沌值）。chaos 或者 c 参数可以调节图像的混沌程度。值越大，图像的混沌程度越高。在某些情况下，高混沌值可能会创造出意想不到的结果，但结果可能不尽如人意。相反，低混沌值会使结果更加稳定且可预测。参数格式如下：

--chaos <value> 或者 --c <value>

chaos 参数接受 0～100 的整数，默认值是 0。

运行如下提示词，将得到如图 2-34 所示的图像。

Prompt：watermelon owl hybrid --c 10

Prompt：watermelon owl hybrid --c 50

提示词：西瓜和猫头鹰混合

图2-34 西瓜和猫头鹰混合（c 10（左）与 c 50（右））

（3）no（排除）。no 参数告诉 Midjourney 在图像中不应包含哪些内容。no 参数接受用逗号分隔的多个单词。参数格式如下：

--no item1，item2，item3

Midjourney Bot 会将提示词中的任何词语都视为用户希望在最终图像中生成的内容。如果输入的提示词是“水果拼盘没有任何苹果”或者“水果拼盘不要添加苹果”，很可能生成的图像中会包含苹果，因为 Midjourney Bot 并不能像人类阅读者那样理解“没有”或者“不要”和“水果”之间的关系。为了提高生成结果的质量，用户应该把提示词聚焦于希望在图像中看到的内容，并使用 no 参数来指定不希望包含的概念。

运行如下提示词，将得到如图 2-35 所示的图像。

Prompt：fruit platter，don't add apple

提示词：水果拼盘，不要添加苹果

运行如下提示词，将得到如图 2-36 所示的图像。

Prompt：fruit platter --no apple

图2-35　水果拼盘，不要添加苹果

提示词： 水果拼盘，排除苹果

（4）quality（质量）。quality或q参数会更改生成图像所花费的时间。更高质量的设置需要更长的时间来处理和生成更多细节，值越大也就意味着每次生成图像的GPU耗时越多。质量设置不会影响分辨率。参数格式如下：

--quality <value> 或者 --q <value>

该参数只接受当前模型的值：0.25、0.5和1。默认值为1，较大的值四舍五入为1。该参数仅影响初始图像的生成，适用于模型版本V 4、V 5和Niji 5。

更高质量的设置并不总是能产生更优的结果。事实上，针对用户尝试创建的某些图像，较低质量的设置可能会带来更理想的效果。例如，对于那些

图 2-36　水果拼盘，排除苹果

较为抽象的描绘，较低质量的设置可能更合适。而对于需要精细细节表现的建筑类图像，较高的质量值能够带来更好的视觉效果。因此，选择与期望创建的图像的类型最匹配的设置是至关重要的。

运行如下提示词，将分别得到如图 2-37 至图 2-39 所示的图像。

Prompt：detailed peony illustration --q .25

Prompt：detailed peony illustration --q .5

Prompt：detailed peony illustration --q 1

提示词：详细的牡丹插画

（5）repeat（重复）。repeat 或者 r 参数能让用户一次运行多个任务。与其他参数（例如 chaos）配合使用，可以帮助用户更快地进行快速模式的探索。参数格式如下：

图 2－37　详细的牡丹插画（q=0.25）

图 2－38　详细的牡丹插画（q=0.5）

图 2-39　详细的牡丹插画（q=1）

--repeat <value> 或者 --r<value>

此功能对于标准套餐和专业套餐的订阅者都适用。对于标准套餐的订阅者，repeat 参数可以接受 2～10 之间的值，而对于专业套餐的订阅者，这个值可以在 2～40 之间。repeat 参数只能在快速模式下使用。另外，如果对 repeat 作业的结果使用重做按钮，就会重新运行一次提示词。

运行如下提示词，将得到如图 2-40 所示的图像。

Prompt： a pheasant on the grassland --c 50 --repeat 2

提示词： 草原上的野鸡

（6）seed（种子值）。Midjourney Bot 使用种子值来创建一个像电视一样的视觉噪声场，作为生成初始图像网格的起点。每个图像的种子值都是随机生成的，但可以通过 seed 参数指定。如果使用相同的种子值和提示词，将得到类似的图像。参数格式如下：

--seed <value>

图 2-40　同时生成的两组野鸡图

seed 值的范围为 0～4 294 967 295 的整数。seed 值仅影响初始图像网格。使用模型版本 V 1 至 V 3、Test 和 Testp 的相同 seed 值将产生构图、颜色和细节类似的图像。使用模型版本 V 4、V 5 和 Niji 的相同 seed 值将产生几乎完全相同的图像。如果未指定种子值，Midjourney 将使用随机生成的种子值。

运行下面的提示词两次，因为使用了相同的提示词和种子值，两次生成的图像完全一样（见图 2-41）。

Prompt：parrot --seed 12345

提示词：鹦鹉

（7）style（风格）。style 参数能够微调某些 Midjourney 模型版本的审美特点。添加 style 参数可以帮助用户创造出更加逼真的图像、电影般的场景或者更可爱的角色。参数格式如下：

--style <style name>

默认的模型版本 V 5.2 和前一版本 V 5.1 只有一个风格参数：style raw。style raw 参数减少了 Midjourney 默认审美的影响，非常适合希望对图像有更多控制或希望得到更多摄影图像的场景。

图 2-41　鹦鹉

运行如下提示词，将得到如图 2-42 所示的图像。

Prompt：guinea pig wearing a flower crown

Prompt：guinea pig wearing a flower crown --style raw

提示词：戴着花冠的豚鼠

图 2-42　戴着花冠的豚鼠（V 5.2（左）与 V 5.2 raw 风格（右））

动漫模型版本 Niji 5 也可以通过 style 参数进行微调，以实现独特的外

观。Niji 5 可以使用的风格参数有：style cute，style scenic，style original 和 style expressive。

--style cute：创建迷人且可爱的角色、道具和环境。

--style expressive：有更复杂的插图感觉。

--style original：使用原始的 Niji 5 模型版本，这是 2023 年 5 月 26 日之前的默认设置。

--style scenic：在奇幻的环境背景下制造美丽的背景和电影式的角色。

运行如下提示词，将得到如图 2 - 43 所示的图像。

Prompt：guinea pig wearing a flower crown --niji 5

提示词：戴着花冠的豚鼠

图 2 - 43　戴着花冠的豚鼠（Niji 5 风格）

运行如下提示词，将得到如图 2 - 44 所示的图像。

Prompt：guinea pig wearing a flower crown --niji 5 --style original

提示词：戴着花冠的豚鼠，original 风格

图 2-44　戴着花冠的豚鼠，Niji 5 original 风格

运行如下提示词，将得到如图 2-45 所示的图像。

Prompt：guinea pig wearing a flower crown --niji 5 --style cute

提示词：戴着花冠的豚鼠，cute 风格

运行如下提示词，将得到如图 2-46 所示的图像。

Prompt：guinea pig wearing a flower crown --niji 5 --style expressive

提示词：戴着花冠的豚鼠，expressive 风格

运行如下提示词，将得到如图 2-47 所示的图像。

Prompt：guinea pig wearing a flower crown --niji 5 --style scenic

提示词：戴着花冠的豚鼠，scenic 风格

(8) stylize（风格化）。Midjourney 偏向于产生风格化的图形图像，该参数会影响其风格化程度。详情见本章第 1 节。

(9) stop（停止）。使用 stop 参数可以在生成图像的过程中提前停止作业。提前在一定的百分比停止作业可以创造出更模糊、细节较少的图像效果。参数格式如下：

图 2－45　戴着花冠的豚鼠，Niji 5 cute 风格

图 2－46　戴着花冠的豚鼠，Niji 5 expressive 风格

图 2-47　戴着花冠的豚鼠，Niji 5 scenic 风格

--stop <value>

stop 值的取值范围是 10～100。默认的 stop 值为 100。在放大过程中，stop 参数不起作用。

运行如下提示词，将得到如图 2-48 所示的图像。

Prompt：splatter art painting of corns --niji 5 --stop 50

Prompt：splatter art painting of corns --niji 5 --stop 90

提示词：动漫风格玉米泼墨画

（10）tile（重复拼接）。tile 参数可以生成作为连续图块的图像，从而创造出无缝拼接的图案，这在面料、壁纸和纹理设计中尤其实用。该参数在所有模型版本中均适用。注意，tile 参数只生成一个图块。用户可以使用无缝图案检查工具（如 Seamless Pattern Checker）来预览图块的重复效果。参数格式如下：

--tile

运行如下提示词，将得到如图 2-49 所示的图像。

图 2-48　动漫风格玉米泼墨画（stop=50（左）和 stop=90（右））

Prompt：watercolor koi --tile --v 5

提示词：锦鲤水彩画

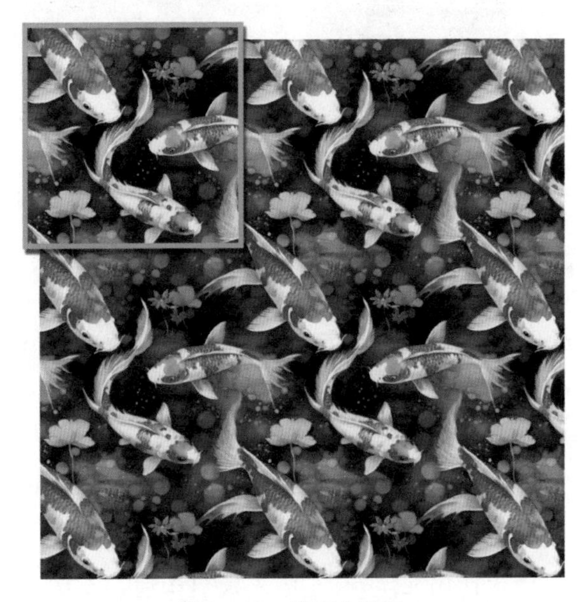

图 2-49　锦鲤水彩画

（11）version（版本）。Midjourney 定期发布新的模型版本以提高效率、连贯性和质量。最新的模型是默认模型，但可以通过添加 version 或 v 参数，或者使用/settings 指令并选择模型版本来使用其他模型。每个模型

都擅长生成不同类型的图像。详情见本章第 1 节。

（12）video（视频）。使用 video 参数可以创建一个短片，展示初始图像网格是如何生成的。在完成的工作上使用信封“✉”表情符号作为反应，Midjourney Bot 会将视频链接发送到用户的私人消息中。参数格式如下：

--video

该参数除了 V 4 模型版本不适用外，其他模型版本都适用。

使用该参数的步骤为：

1）将该参数添加到提示词末尾。例如：

Prompt：seagulls soaring --video

提示词：海鸥翱翔

2）生成完图像后，添加反应，选择信封。

3）Midjourney 将向用户的私人消息发送视频链接（见图 2-50）。

图 2-50　视频链接

（13）weird（怪异）。尝试通过实验性的 weird 或 w 参数来探索非传统审美图像。这个参数能够为生成的图像引入奇怪和出人意料的元素，从而产生独一无二且意想不到的效果。参数格式如下：

--weird <value> 或者 --w <value>

weird 参数的取值范围是 0～3 000，默认值为 0。

weird 参数是实验性的，因此，随着时间的推移，所谓的“怪异”可能会有所变化。该参数适用于模型版本 V 5、V 5.1 和 V 5.2。

最佳的 weird 值取决于给出的提示词，因此，用户需要进行一些实验。试着从较小的值开始，比如 250 或 500，然后根据效果适当调整。如果希望生成的图像在保持传统审美的同时又显得独特，可以尝试将较大的 stylize 值与 weird 参数一起使用。建议这两个参数的初始值保持一致，例如：/imagine prompt cyanotype cat --stylize 250 --weird 250。

运行如下提示词，将得到如图 2－51 所示的图像。

Prompt：clockwork chicken --weird 250

提示词：机械钟表和鸡

图 2－51　机械钟表和鸡（weird=250）

运行如下提示词，将得到如图 2－52 所示的图像。

Prompt：clockwork chicken --weird 500

提示词： 机械钟表和鸡

图 2-52　机械钟表和鸡（weird=500）

weird、chaos 和 stylize 之间有什么区别呢？chaos 控制的是初始网格图像之间的多样性程度；stylize 控制的是 Midjourney 默认审美被应用的强度；weird 控制的是一个图像与以往 Midjourney 图像不同的程度。

第 3 节　提示词

提示词是 Midjourney Bot 生成图像的短文本和短语。Midjourney Bot 将提示词中的词语和短语分解为更小的单元，即令牌，并依据这些令牌与其训练数据的匹配度来生成图像。通过精心选择和组织这些提示词，可以唤醒 Midjourney 的创造力，绘制出既独特又富有吸引力的图像。

1. 提示词结构

（1）基础提示词。基础提示词是指只含有文本内容或表情符号的提示描述，可以是单个词汇、简洁短语，抑或是表情符号，也可以是复杂的句

子描述。例如，单个词汇或表情符号（见图 2－53）便能引导生成图像。

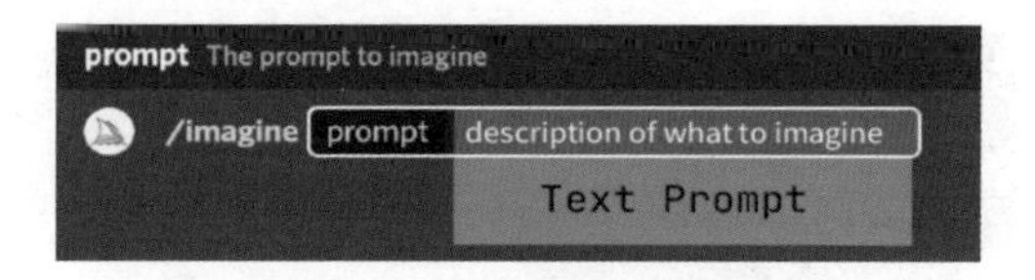

图 2－53 基础提示词

注意，如果提示词过于简单或过于笼统，生成的图像可能会受到 Midjourney 默认审美风格的较大影响。因此，构造更具体、更有针对性的提示词能够生成更符合期望的图像。然而，过于详细的提示词并不一定能够带来更好的结果，找到适当的平衡点并将提示词集中于用户希望在图像中突出的主题会更有效。此外，注意提示词的顺序，因为提示词靠前的部分对生成图像的影响较大。

运行如下提示词，将得到如图 2－54 所示的图像。

Prompt：wood horse

提示词：木头马

图 2－54 木头马

运行如图 2-55 所示的表情符号提示词，将得到如图 2-56 所示的图像。

图 2-55 表情符号提示词

图 2-56 天鹅表情符号和哭泣表情符号生成的图像

（2）高级提示词。更复杂或更高级的提示词通常包含一个或多个图像的 URL、一系列文本短语以及一项或多项参数。

这种格式主要由三部分构成：图像提示词、文本提示词和参数。其中，图像提示词和参数部分是可选的。这种结构如图 2-57 所示。

图 2-57 高级提示词的格式

1）图像提示词（image prompt）。图像提示词是一个图像的链接，在提示词中添加图像 URL 可以影响生成图像的风格和内容。图像提示词总是位于提示词的开头部分。图像格式为:.png,.gif,.webp,.jpg 或.jpeg。

2）文本提示词（text prompt）。文本提示词是对要生成的图像的描述。通过精心设计的文本提示词，可以创造出令人惊叹的图像。文本提示词位于提示词的中间，需使用空格与图像提示词和参数隔开。

3）参数（parameters）。参数是一种可以改变图像生成方式的特定命令。通过设定不同的参数，可以调整和控制生成的图像，例如，设定图像的宽高比、选择放大器、设定风格和图像质量等。参数总是位于提示词的末尾。

以“丹顶鹤”图像（见图 2－58）为例，在生成图像时以该图像为模板，添加新的文本提示词“fish”，并设定图像风格为原始风格（raw）。在这些调整之后，我们得到了一幅全新的图像，鱼身鹤形的奇怪物种，如图 2－59 所示。以下的提示词就是一个完整的高级提示词，它包含了图像提示词、文本提示词和参数。

图 2－58　丹顶鹤

Prompt：https://cdn.discordapp.com/attachments/1132124683299455027/1132653539760537640/wenzhiyi141319_red-crowned_crane_b74de553-35a8-4381-b513-fb946907fb4b.png eating fish --style raw

提示词： 丹顶鹤与鱼

图 2-59　鱼身鹤形

2. 文本提示词

在图像生成的过程中，用户通过提供精准而丰富的文本提示词来引导 Midjourney Bot 的输出，文本提示词的质量和精确性直接决定了最终生成的图像的质量。通过使用精确且具有创造性的提示词，能够引导 Midjourney 生成符合特定需求和个人审美的视觉作品。接下来将详细讨论文本提示词的使用和创作。

（1）基本语法。Midjourney Bot 的语法理解能力相当有限，即使提示词中存在语法错误，只要关键词正确，也能够成功生成图像。此外，因为其对语法理解的限制，我们建议提示词应尽量简短，最好不超过 60 个单

词。这是因为更少的单词会赋予每个单词更强大的影响力。对于复杂的定语从句，Midjourney 可能难以理解其含义，因此建议逐一列出关键词，用逗号分隔。

以下是一些有效构造提示词的建议。

1）用“形容词＋名词”的结构替换介词短语。例如，“hair flowing in the wind”可以修改为“flowing hair”，“a carrot for a nose”可以修改为“carrot nose”。

2）用具体的动词来替换介词短语。例如，“a girl with a flashlight”可以修改为“a girl using a flashlight”，“a girl with a big smile on her face”可以修改为“smiling girl”。

3）词序很重要。越靠前的关键词对图像生成的影响力越大。

4）在可能的情况下，选择更具体的同义词。例如，用“gigantic”或“extra-large”替代“big”可能会得到更好的结果。

最后，需要注意的是，Midjourney Bot 在处理输入时并不区分大小写，所以使用大写字母还是小写字母都不会影响生成的结果。

（2）撰写原则。撰写文本提示词的总原则是完整具体、简洁明晰。

1）详细且精准。如果提示词不够详尽或具体，Midjourney Bot 可能会依赖其默认样式生成图像，这可能带来一些无法预测的结果。例如，如果只提供了“鸟”作为提示词，而没有给出更具体的描述，那么 Midjourney 可能会生成任何种类的鸟，通常可能是一只成年鸟的图像。如果用户有更具体的需求，建议提供更详细的提示，比如“一只孔雀”。

同样，Midjourney Bot 在处理数量时可能并不精确，这就需要用更具体的描述。例如，如果提示词是“四只猫”：

Prompt：4 cute cats

提示词：四只可爱的猫

那么它可能会生成三只猫或者五只猫的图像，如图 2－60 所示。但是，如果希望更精确地生成四只猫的图像，那么应该将提示词修改为“两只成年

猫和两只小猫”，如图 2－61 所示。

Prompt：2 old cats and 2 cute kittens

提示词：两只成年猫和两只小猫

图 2－60　提示词为“四只可爱的猫”所生成的图像

图 2－61　两只成年猫和两只小猫

2）简洁而明晰。Midjourney Bot 并不能像人类那样理解语言的复杂性，包括语法、句子结构和词语含义。因此，选择何种提示词变得尤为重要。我们需要保持语言的简洁性，同时尽可能明确地表达想要看到的内容。在撰写提示词时，应更注重描述想要看到的元素，而不是不想看到的元素。如果用户希望某些元素不出现在图像中，那么可以考虑使用 no 参数。

比如，如果提示词是“郁金香花田，不要红色”：

Prompt：tulip fields，not red

提示词：郁金香花田，不要红色

那么生成的图像中可能仍然会包含红色郁金香，大概率会生成红色郁金香花田，如图 2－62 所示。如果用户希望图像中不出现红色郁金香，那么应该使用 no 参数，排除红色郁金香的出现，如图 2－63 所示。

Prompt：tulip fields --no red

提示词：郁金香花田，排除红色

图 2－62 “郁金香花田，不要红色”的图像效果

图2-63　“郁金香花田，排除红色”的图像效果

这里需要提醒两点：

① 为了更好地组织提示词，可以利用逗号、括号和连字符等标点符号。然而，需要注意的是，Midjourney Bot 或许并不总能准确地理解这些符号的含义。

② 在构建提示词时，建议尽量避免使用大括号“{ }”。因为对于 Midjourney Bot 来说，大括号具有特定的解读方式（后续章节中会详细讲解）。

运行如下提示词，将得到如图2-64所示的图像。

Prompt：young Chinese lovers in jackets and jeans on a rooftop，1990s Beijing background，visible opposite building

提示词：一对年轻的中国情侣，穿着夹克和牛仔裤，坐在屋顶上，背景是20世纪90年代的北京，可以看到对面的建筑

图 2-64 一对中国情侣坐在屋顶上

3. 文本提示词万能模板

在艺术创作中，三个核心元素占据着举足轻重的地位：内容、构成和风格。它们共同构筑了艺术作品的基础架构，每一个元素都有其重要作用。内容是作品中的信息或者主题，它揭示了作品要传达的故事或者意义；构成涉及艺术元素如何组织和排列，以及如何协作以形成完整的艺术表达；风格则是艺术作品独特的个性印记，它包含了创作技巧、材料使用、制作方法以及选择的艺术媒介。

基于这三个艺术元素，我们可以构建出一种有效的模板来指导用户编写更准确的文本提示词：内容＋构成＋风格。

（1）内容：这个部分应当描绘出用户想要表达的主题，包括主角（如人物、动物或者物品）、环境设定（如位置、背景）以及情感氛围（如喜悦、平静或者悲伤）。

（2）构成：这个部分应当包含构图、光线、视角、色调以及色彩等元素。构图决定了作品中主要元素的排布，它有助于引导观者的注意力，突出主题。光线处理可以增强作品的视觉效果，强化或者弱化主题。视角的选择影响作品的视觉感受和表达效果。色调和色彩则是制造特定氛围、指引观者情感的关键。

（3）风格：这个部分应该涵盖艺术形式、细节处理以及历史风格等。艺术形式展示了创作的多样性，可以是绘画、雕塑、摄影或者数字艺术。细节处理涉及微妙的笔触、光线和色彩搭配等，可以增加作品的立体感和生动性。历史风格指的是作品所反映出的特定时期的艺术风格或流派，例如文艺复兴、浪漫主义或者现实主义。

内容、构成和风格是紧密相连的，它们之间相互影响才能创作出最终的艺术品。内容能够触发构成的灵感，而构成又能够影响风格，同时，风格也可以用来强化艺术品的内容和构成。艺术家在创作过程中，必须认真思考这三个元素以及它们之间的相互影响。

在编写提示词时，应该严格按照上述顺序——内容、构成、风格进行。因为在生成图像时，排在前面的提示词会有更大的影响。

（1）内容提示词的范例。

1）主体。例如，我们可以用这样的描述来勾勒主体："a Japanese dancer dressed in traditional kimono，holding a fan，with her elegant dance moves and tranquil demeanor"（一个身穿传统和服、手持扇子的日本舞者，舞姿优雅和神态宁静）。这种详细、生动的描绘有助于 Midjourney 更好地理解和塑造画面的主题，从而创造出更具艺术性和感染力的作品。

2）环境。环境可以从海洋到陆地，再到山区、森林，从室内到室外甚至是奇幻或虚构的地点。例如，beach（海滩），bay（海湾），cliff（悬崖），estuary（河口），delta（三角洲），fjord（峡湾），underwater（水下），waterfall（瀑布），wetland（湿地），salt lake（盐湖）；oasis（绿洲），jungle（丛林），savannah（热带草原），steppe（草原），dune（沙丘），

desert（沙漠），tundra（苔原）；hill（山丘），mountain（山），cave（洞穴），volcano（火山）；cloud forest（云雾森林）；indoors（室内）；outdoors（户外）；on the moon（月球上），in Narnia（在纳尼亚），the Emerald City（翡翠城）等。

3）情绪。人类情绪多种多样，基于情绪的强度，从昏昏欲睡（较弱）到愤怒（较强）不等。例如，sleepy（昏昏欲睡的），calm（平静），sedate（稳重），shy（害羞的），embarrassed（尴尬的），happy（欢乐的），determined（坚定的），energetic（精力充沛的），raucous（喧闹的），angry（愤怒的）等。如果内容涉及人物或动物，那么这些元素将不仅体现在表情上，还将被融入整体画面，提升整体的艺术效果。

（2）构成提示词的范例。

1）构图：从静物、风景至人像的有序拍摄内容，包括静物照（still life shot）、风景照（landscape shot）、全身照（full body shot）、四分之三照（three-quarter shot）、半身像（half-body portrait）、侧面照（profile shot）、肖像画（portrait）、头像（headshot）、特写（close-up）、动作照（action shot）。这些构图方式反映了从全局到细节、从静态到动态的拍摄变化。

2）视角：从高空俯视到地面仰望，再从正面到背面的有序视角，包括鸟瞰图（bird's-eye view）、俯视图（top view）、摄影机视角（POV）、透视图（perspective）、水平角度（horizontal angle）、正面视图（front view）、侧视图（side view）、背视图（back view）、仰视图（lookup）。这些视角显示了从高到低、从正面到背面的多角度拍摄变换。

3）照明：从自然到人工、从柔和到强烈的光源变化，包括环境光（ambient）、阴天（overcast）、柔和光（soft）、柔和风格光（in the style of soft）、工作室灯（studio lights）、霓虹灯（neon）。

4）色调：从单色到多色、从淡彩到鲜艳的色调变化，包括黑白（black and white）、单色（monochromatic）、淡彩（pastel）、静柔暗淡

(muted)、明亮(bright)、多彩(colorful)、鲜艳(vibrant)。

5)色彩:从低饱和到高饱和、从冷色调到暖色调的色彩变化,包括去饱和度的(desaturated)、粉彩(pastel)、绿调染色(green tinted)、酸性绿(acid green)、千禧粉(millennial pink)、淡黄色(canary yellow)、桃红色(peach)、淡紫色(mauve)、双色调(two toned)、中性色(neutral)、浅青铜和琥珀色(light bronze and amber)、荧光色(day glo)、乌木色(ebony)。

(3)风格提示词的范例。

1)艺术形式(medium):从简单到复杂、从传统到现代的多元艺术形式,如涂鸦(doodle)、涂鸦艺术(graffiti)、铅笔素描(pencil sketch)、水彩画(watercolor)、版画(block print)、绘画(painting)、照片艺术(photo)、插图(illustration)、像素画(pixel art)、民间艺术(folk art)、数字画(paint-by-numbers)、蓝版(cyanotype)、曲线图(curve)、浮世绘(ukiyo-e)、黑光绘图(blacklight painting)、十字绣(cross stitch)、挂毯艺术(tapestry)、雕塑(sculpture)等。

2)技巧手法:从简易到复杂的多种绘画技巧,如连续线条画(continuous line)、盲画(blind contour)、速写(loose gestural)、写生(life drawing)、明暗画法(value study)、炭笔素描(charcoal sketch)。这些技巧手法适用于不同的艺术表现需求,可与艺术形式相互补充,也可独立使用。

3)年代(decade):如1700s、1800s、1900s、1910s、1920s、1930s、1940s、1950s、1960s、1970s、1980s、1990s等。指定年代可以增强作品的历史时代感,丰富艺术风格的表现。

以上只是一部分风格提示词,更多丰富多样的提示词将在接下来的章节中进行深入探讨。这些提示词的运用将有助于我们创作出更具个性、生动有趣的艺术作品。

4. 示例

（1）只描述内容。运行如下提示词，将得到如图 2－65 所示的图像。

Prompt：a gorgeous woman wearing bright violet off-the-shoulder dress by the lake at sunset --v 5.2

提示词：夕阳下湖边一个穿着亮紫色露肩连衣裙的漂亮女人

图 2－65 湖边的美女

在这个例子中，我们主要提供了“内容”的描述，未特别指定“构成”的要素，所以图像的构图和视角主要由系统自行生成。尽管照明、色调和色彩的选取都是系统随机决定的，但因我们给出了“夕阳下湖边”的指示，生成的图像较好地呈现了预期的场景。图像中描绘的细节清晰且独特，看起来如同摄影和描绘的良好结合。由于没有给出具体的“风格”提

示词，因此所有生成的结果都是基于默认模型随机产生的。

（2）描述内容和构成。在上一个提示词的基础上，我们加入“构成”，调整提示词的内容，将得到如图 2－66 所示的图像。

Prompt：a gorgeous woman wearing bright violet off-the-shoulder dress by the lake at sunset，three-quarter body shot，front view，soft，bright，light bronze and amber --v 5.2

提示词：夕阳下湖边一个穿着亮紫色露肩连衣裙的漂亮女人，四分之三照，正面视图，柔和的，明亮的，浅青铜和琥珀色

图 2－66　湖边的美女（正面视图）

如图 2－66 所示，图像的构图发生了显著变化，转为四分之三照并展现了正面视角的效果。光线变得更加柔和，而夕阳的光芒则更加璀璨，图像整体色调呈现浅青铜与琥珀色的混合。由于照片是在逆光条件下拍摄的，于是我们添加了“bright”这个词汇，它主要影响的是图像中最亮的

部分——夕阳，而浅青铜与琥珀色则主要影响了人物的肤色。因为四分之三照构图通常在人像摄影中使用，因此产生了模糊的背景虚化效果，而且由于四分之三照的构图方式，俯视效果显得不再那么明显。与之前的图像相比，这些改变带来的效果十分显著。

（3）尝试不同的风格。继续调整提示词，添加风格提示词“ukiyo-e”（浮世绘），将得到如图 2－67 所示的图像。

Prompt：a gorgeous woman wearing bright violet off-the-shoulder dress by the lake at sunset，three-quarter body shot，front view，soft，bright，light bronze and amber，ukiyo-e --v 5.2

提示词：夕阳下湖边一个穿着亮紫色露肩连衣裙的漂亮女人，四分之三照，正面视图，柔和的，明亮的，浅青铜和琥珀色，浮世绘

图 2－67　湖边的美女（浮世绘）

继续调整，更换风格提示词为“watercolor”（水彩画），将得到如

图 2－68 所示的图像。

Prompt：a gorgeous woman wearing bright violet off-the-shoulder dress by the lake at sunset，three-quarter body shot，front view，soft，bright，light bronze and amber，watercolor --v 5.2

提示词：夕阳下湖边一个穿着亮紫色露肩连衣裙的漂亮女人，四分之三照，正面视图，柔和的，明亮的，浅青铜和琥珀色，水彩画

图 2－68　湖边的美女（水彩画）

我们将图像风格进行了转变，使得画风发生了显著变化。艺术形式的提示词在定义画风时影响力最大，也是构建风格最直接的方式。

5. 违禁内容和行为

Midjourney 是一个致力于营造和谐创作环境的开放社区，坚定地维护 PG-13 级别的内容标准。

（1）避免使用侮辱、攻击或贬损他人的图像或文字提示。

（2）禁止创作任何淫秽、血腥或引发观众不适的内容。为此，平台已设立自动过滤机制，以屏蔽某些敏感词汇。

（3）尊重他人的原创权，未经他人明确授权，请勿公开转载他人的作品。

（4）在分享作品时，应尽量考虑到他人可能对作品产生的反馈或感受。

（5）任何违反上述规则的行为都可能导致相关账号被禁用。

注意，这些规定适用于所有内容和所有场景，包括在私人频道使用私人模式创作的图像。

第 4 节　组合多提示词

在撰写文本提示词时，可以运用双冒号“::”（亦称作域运算符）对各个独立概念进行区分，Midjourney 将逐个处理。这种分隔符的应用让用户有能力按照需求调整提示词各部分的优先级，进而达到更佳的创作效果。

1. 组合提示词基础

当提示词中使用双冒号“::”时，实际上是在引导 Midjourney Bot 将提示词的各个组成部分进行独立处理。

注意，双冒号“::”之间不应添加空格。组合提示词适用于所有模型版本，并且不影响其他参数的使用。

例如，当我们将“hot dog”（热狗）作为一个整体的提示词输入时，Midjourney 会将它作为一个整体来理解，并据此创作出一幅美味热狗的图像（见图 2-69）。

Prompt：hot dog

提示词： 热狗

图 2－69　热狗

但是，如果使用双冒号将提示词拆分为两个部分："hot：：dog"，那么 Midjourney 会对这两部分分别进行理解，即"热，狗"，然后创作出一只处于炎热环境中的狗的图像（见图 2－70）。这就充分说明了双冒号"：："在此起到了关键的区分作用，它能够更精准地控制生成的图像内容。

Prompt： hot：：dog

提示词： 热，狗

运行如下提示词，将得到如图 2－71 所示的图像。

Prompt： cup cake illustration

提示词： 纸杯蛋糕插画

提示词"cup cake illustration"被看成一个整体，生成了纸杯蛋糕的插画。但如果运行如下提示词，就会得到如图 2－72 所示的图像。

图 2-70　热的狗

图 2-71　纸杯蛋糕插画

Prompt：cup：：cake illustration

提示词：杯子，蛋糕插画

图 2－72　杯子，蛋糕插画

图 2－72 中，杯子与蛋糕插画分开，生成了杯子里的蛋糕插画。继续变换提示词，将得到如图 2－73 所示的图像。

Prompt：cup：：cake：：illustration

提示词：杯子，蛋糕，插画

图 2－73 中，杯子、蛋糕、插画被分开，分别生成杯子、蛋糕和一些插画元素。

2. 提示词权重

当利用双冒号"：："将提示词分解为多个部分时，可以在双冒号后面加上一个数字，以此来调节各部分的权重。

例如，在下述示例中，当提示词为"hot：：dog"时，会生成一只置身

图 2-73 杯子，蛋糕，插画

于炎热环境中的狗的图像。然而，如果我们稍作调整，将提示词修改为“hot::2 dog”，就会将“hot”的权重相对“dog”提升一倍，生成的图像会展示一只在更炎热环境中的狗。通过这种方式，我们利用双冒号和权重值进行创作，会使创作更富有变化和灵活性。

需要注意的是，V 1、V 2、V 3 模型仅接受整数作为权重值，而 V 4 模型则可以接受小数作为权重值。如果没有明确指定，权重值默认为 1。需要注意的是，所有提示词的权重值将被统一处理，因此：

- hot::dog 与 hot::1 dog、hot::dog::1、hot::2 dog::2、hot::100 dog::100 等相同。
- cup::2 cake 与 cup::4 cake::2、cup::100 cake::50 等相同。

运行如下提示词，将得到如图 2-74 所示的图像。

Prompt：hot::dog

提示词：热，狗

图 2－74　热的狗

运行如下提示词，将得到如图 2－75 所示的图像。

Prompt：hot::2 dog

提示词：热，狗

图 2－75　炙热的狗

3. 负数提示词权重

用户还可以将提示词的权重设定为负数，并将其包含在提示词中，以此来排除不希望在生成结果中出现的元素。这种用法类似于 no 参数的效果，可以更有效地帮助我们过滤掉不希望出现的元素。因此，“vibrant rose fields::red::-.5”与“vibrant rose fields --no red”生成的效果相同。但需要注意的是，所有权重的总和必须是正数。

运行如下提示词，将得到如图 2-76 所示的图像。

Prompt：vibrant rose fields

提示词：生机勃勃的玫瑰花田

图 2-76　玫瑰花田

如果不想让玫瑰花田包含红色，可以设置“red::-.5”，去掉红色花朵。运行如下提示词，将得到如图 2-77 所示的图像。

Prompt：vibrant rose fields::red::-.5

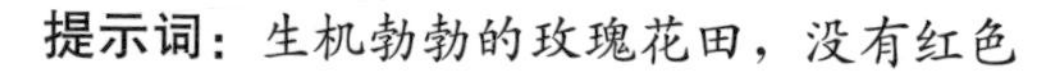

提示词：生机勃勃的玫瑰花田，没有红色

图 2－77　没有红色花朵的玫瑰花田

第 5 节　并列提示词

Permutations 功能提供了一种将多个同类词语或后缀参数进行组合的方法。这意味着，在一组提示词之内，Midjourney 能够自动进行排列和组合，以创造出多种风格的图像。

使用这项功能，只需在大括号“{ }”内填入用英文逗号“,”分隔的选项列表，Midjourney Bot 就会通过这些选项的不同组合，帮助用户创建出多个版本的提示词。这些提示词可以包括文字、图像提示、参数，甚至是提示词的权重。

并列提示词举例如下：

“/imagine prompt ：a {red，white，yellow} bird” 会创建并处理 3 个

生成任务，分别为：

- /imagine prompt：a red bird；
- /imagine prompt：a white bird；
- /imagine prompt：a yellow bird。

注意，Midjourney Bot 会将每个并列提示词的变体视为独立的任务，每个任务都会单独占用 GPU 耗时。目前，只有开通了标准套餐和专业套餐的订阅用户才能在快速模式下使用这项功能。

1. 并列文本提示词

Prompt：a {yellow，red，blue} parrot

提示词：一只 {黄色，红色，蓝色} 鹦鹉

该提示词将生成三组鹦鹉图像，分别是黄色鹦鹉、红色鹦鹉和蓝色鹦鹉，如图 2－78 至图 2－80 所示。

图 2－78　黄色鹦鹉

图 2－79　红色鹦鹉

图 2－80　蓝色鹦鹉

2. 并列参数提示词

Prompt：portrait of a boy --style {scenic，expressive，cute} --seed 123456 --niji 5

提示词：一个男孩的肖像

该提示词将生成三组不同风格的男孩肖像，如图 2－81 至图 2－83 所示。需要注意的是，我们用“--seed 123456”来固定种子值，用“--niji 5”来固定模型版本。

图 2－81 scenic 风格的男孩肖像

3. 组合与嵌套的并列提示词

（1）Midjourney 为用户提供了一种更为强大的功能，能够在单一的提示词中使用多组位于大括号内的选项进行组合。每一组位于大括号内的选项将会与其他组内选项进行组合，以形成一系列组合提示词，从而提升用户的创作多样性。

图 2-82　expressive 风格的男孩肖像

图 2-83　cute 风格的男孩肖像

例如："/imagine prompt：a {white，black} swan on the {lake，grass}"会创建并处理 4 个生成任务，分别为：

- /imagine prompt：a white swan on the lake；
- /imagine prompt：a white swan on the grass；
- /imagine prompt：a black swan on the lake；
- /imagine prompt：a black swan on the grass。

（2）也可以在单个提示词中，将大括号内的选项集嵌套在其他大括号内。

例如："/imagine prompt：a {sculpture，painting} of a {seagull {on a pier，on a beach}，poodle {on a sofa，in a truck}}"会创建并处理 8 个生成任务，分别为：

- /imagine prompt：a sculpture of a seagull on a pier；
- /imagine prompt：a sculpture of a seagull on a beach；
- /imagine prompt：a sculpture of a poodle on a sofa；
- /imagine prompt：a sculpture of a poodle in a truck；
- /imagine prompt：a painting of a seagull on a pier；
- /imagine prompt：a painting of a seagull on a beach；
- /imagine prompt：a painting of a poodle on a sofa；
- /imagine prompt：a painting of a poodle in a truck。

（3）转义字符。如果想在大括号内包含一个不作为分隔符的"，"，可以直接在它前面放置一个反斜杠"\"。

例如："/imagine prompt：{black，pastel \，yellow} duck"会创建并处理 2 个生成任务，分别为：

- /imagine prompt：black duck；
- /imagine prompt：pastel，yellow duck。

运行如下提示词，将得到如图 2－84 和图 2－85 所示的图像。

Prompt：{black，pastel \，yellow} duck

提示词：黑色鸭子，淡黄色鸭子

图 2-84　黑色鸭子

图 2-85　淡黄色鸭子

第3章/*Chapter Three*

Logo设计

Logo是一个公司或品牌的视觉象征，它通过简单的图形和文字来传达公司的核心理念和价值观。设计出一个既吸引人又具有记忆点的Logo需要具备专业的设计技巧和创新思维，从Logo的表达意义、风格、色彩等多方面构思。而Midjourney则是一种能够帮助用户在这方面取得新突破的工具。

在Midjourney中进行Logo设计，只需要提供一些提示词来描述想要的Logo图案，Midjourney就会根据这些提示词为用户生成一系列与提示词相符的Logo设计。

这些Logo设计可以包括不同的类型，例如字母Logo（lettermark Logo）、图案/品牌Logo（graphic Logo）、抽象Logo（geometric Logo）、吉祥物Logo（mascot Logo）和徽章Logo（emblems Logo）等，为用户提供了丰富的选择和设计灵感。用户可以从中挑选出最满意的设计，或者通过更改和添加提示词来进一步优化设计。由于Midjourney不擅长文本，因此用户需要使用Photoshop、Adobe Illustrator或Canva添加、修改文本或完善设计。

总的来说，无论你是一名专业的设计师还是一个刚入门的新手，Midjourney都能为你提供强大的Logo设计功能，帮助你轻松创造出精美的

Logo 设计。

Logo 设计的提示词结构如下：

Logo 类型＋主体＋风格＋其他

每种类型的 Logo 都有其优点和缺点，可根据用途进行选择。

风格主要包括：极简风格（minimalist）、复古风格（retro or vintage）、手绘风格（hand-drawn）、现代风格（modern）、艺术装饰风格（art deco）、几何风格（geometric）、渐变风格（gradient）、最小线条风格（minimal line）、中式风格（Chinese style）、日式风格（Japanese style）等。

也可以采用某位著名 Logo 设计大师的风格，格式如下：

in the style of 设计师英文名字　或者　by 设计师英文名字

例如，"in the style of Paul Rand"（Paul Rand 设计风格），Paul Rand 设计过 IBM 和 ABC 的 Logo。

以下是一些全球著名的 Logo 设计师：

（1）保罗·兰德（Paul Rand）：20 世纪最具影响力的设计师之一，他的设计理念极大地影响了现代企业 Logo 的设计。他设计了 IBM、UPS 和 ABC 等著名公司的 Logo。

（2）罗布·詹诺夫（Rob Janoff）：苹果公司标志性的"咬了一口的苹果"Logo 的设计师。他的设计从 1977 年开始被使用，是世界上最著名和最经久不衰的 Logo 之一。

（3）米尔顿·格拉塞（Milton Glaser）："I ♥ NY"Logo 的设计师，该设计成为纽约市的象征，并在全球范围内广为人知。

（4）卡罗琳·戴维森（Carolyn Davidson）：著名的耐克 Logo"勾"（the Swoosh）的设计师，这个 Logo 已经成为全球最知名的 Logo 之一。

（5）林顿·里德（Lindon Leader）：FedEx 的 Logo 设计师，该 Logo 被广泛称赞，特别是"E"和"x"之间隐藏的箭头象征着速度和精确性。

（6）沃尔夫·欧林斯（Wolff Olins）：国际品牌大师，2012 年伦敦奥

运会 Logo 的设计师，这个 Logo 以其大胆和现代的设计引发了广泛的讨论。

（7）伊万·切尔马耶夫（Ivan Chermayeff）：美国杰出平面设计师，他设计了许多世界级知名企业和机构的 Logo，包括美国广播公司（ABC）、美国全国广播公司（NBC）、美国大通银行、美国《国家地理》杂志、美孚石油公司、美国宇航局“新视野”号探测器等。他的设计风格以简洁、直接和具有吸引力的视觉语言著称，深深地影响了全球品牌形象的塑造。

运行如下提示词，将得到如图 3-1 所示的图像。

Prompt：a mascot logo of a robot，simple，vector --no shading detail

提示词：机器人的吉祥物标志，简单，矢量，没有阴影细节

图 3-1 机器人的吉祥物 Logo

应用1：字母 Logo

字母 Logo 也称为字母标记，主要是利用公司或品牌名称的首字母或缩写进行设计，经过某种风格化以创造出独特的外观和感觉。字母 Logo 简洁明快，易于识别和记忆。例如，IBM 和 HP 的 Logo 就是字母 Logo。

运行如下提示词，将得到如图 3-2 所示的图像。

Prompt：a **lettermark** of letter A，logo，serif font，vector，simple --no realistic details

提示词：字母 A 的字母标记，标志，衬线字体，矢量，简单，没有逼真的细节

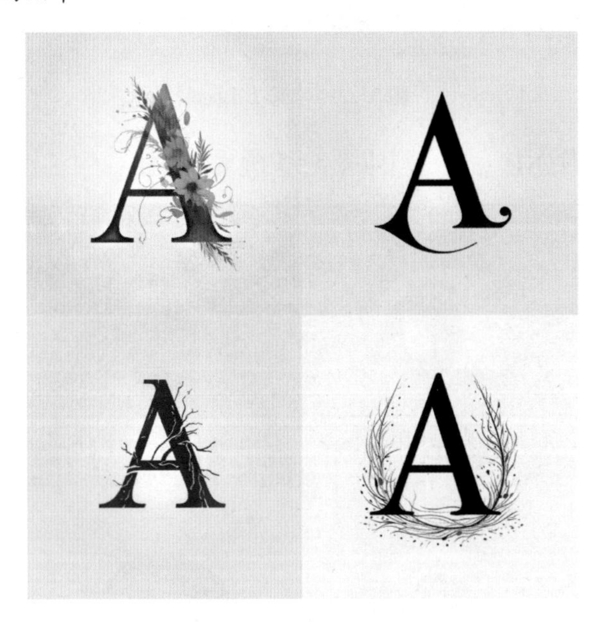

图 3-2 字母 A Logo

运行如下提示词，将得到如图 3-3 所示的图像。

Prompt：letter B，minimalist，modern，simple logo design

提示词：字母 B，极简主义，现代，简单的标志设计

图 3-3　字母 B Logo

运行如下提示词，将得到如图 3-4 所示的图像。

图 3-4　字母 C Logo

Prompt：letter illustration，minimalist，letter logo，ui ux ui/ ux 8K called C

提示词：字母插图，极简主义，字母标志，ui ux ui/ux 8K，C

运行如下提示词，将得到如图3－5所示的图像。

Prompt：modern and simple logo design，D，letter D，one color，vector，8K

提示词：现代简洁的标志设计，D，字母D，单色，矢量，8K分辨率

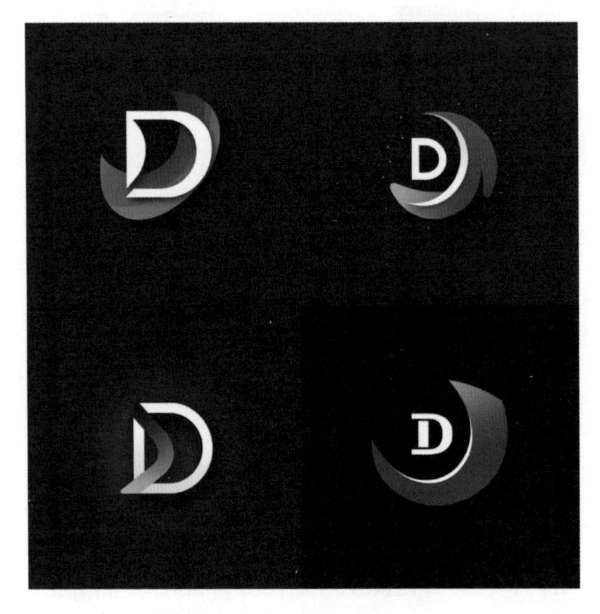

图3－5　字母D Logo

应用2：图案/品牌Logo

这类Logo主要是通过具象的图案来代表品牌的形象或理念，往往比较直观且富有创意。例如，苹果公司的Logo就是一个被咬过的苹果，直观地传达了其公司名称和创新的品牌理念。

运行如下提示词，将得到如图 3-6 所示的图像。

Prompt：vector **graphic logo** of apple，simple minimal --no realistic photo details

提示词：苹果的矢量图形标志，简单简约，没有逼真的照片细节

图 3-6　苹果 Logo

运行如下提示词，将得到如图 3-7 所示的图像。

Prompt：vector **graphic logo** of panda，simple minimal --no realistic photo details

提示词：熊猫的矢量图形标志，简单简约，没有逼真的照片细节

运行如下提示词，将得到如图 3-8 所示的图像。

Prompt：a minimalistic Mount Qomolangma design logo，clean line art，fine line art，vector graphics --no realistic photo details

提示词：极简主义的珠穆朗玛峰设计标志，线条艺术，细线艺术，矢量图形，没有逼真的照片细节

图3-7　熊猫 Logo

图3-8　珠穆朗玛峰 Logo

应用 3：抽象 Logo

抽象 Logo 通过抽象的图形和线条来表达品牌的理念和价值。这类 Logo 往往需要消费者通过联想来理解。例如，耐克的“勾”Logo 就是一个抽象的象征，代表着动力和前进。

运行如下提示词，将得到如图 3-9 所示的图像。

Prompt：flat geometric vector graphic logo of geometric flower, radial repeating, simple minimal, by Ivan Chermayeff

提示词：几何花朵的平面几何矢量图形标志，辐射重复，简单简约，伊万·切尔马耶夫风格

图 3-9　抽象花朵 Logo

运行如下提示词，将得到如图3－10所示的图像。

Prompt：geometric gradient logo，colorful geometric design gradients，modern graphic design，featured on Behance，abstract

提示词：几何渐变标志，彩色几何设计渐变，现代平面设计，Behance网站特色，抽象

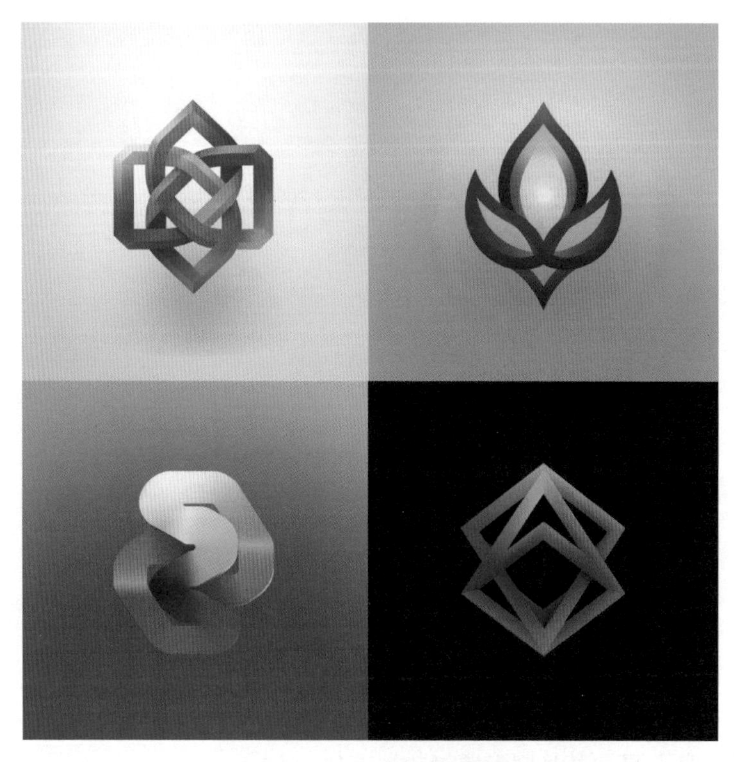

图3－10 几何渐变Logo

运行如下提示词，将得到如图3－11所示的图像。

Prompt：a geometric logo for triangle，field white background，high quality，clean，strong lines，clean background，stylish，dynamic

提示词：三角形的几何标志，白色背景，高品质，干净，线条强烈，背景干净，时尚，动态

图 3-11 三角形的几何 Logo

应用 4：吉祥物 Logo

吉祥物 Logo 通常用一个角色或动物作为 Logo 的主题。这类 Logo 形象生动，富有个性，往往能深入人心。例如，推特（Twitter）的 Logo 就是一只小鸟，显示其品牌形象轻松、友好。

运行如下提示词，将得到如图 3-12 所示的图像。

Prompt：simple **mascot logo** for a chicken company，Japanese style

提示词：鸡肉公司的简单吉祥物标志，日式风格

运行如下提示词，将得到如图 3-13 所示的图像。

Prompt：simple mascot logo for a milk company，British style

提示词：牛奶公司的简单吉祥物标志，英伦风格

图 3-12　鸡肉公司吉祥物 Logo

图 3-13　牛奶公司吉祥物 Logo

运行如下提示词，将得到如图 3－14 所示的图像。

Prompt：simple mascot logo for a pet shop

提示词：宠物店的简单吉祥物标志

图 3－14　宠物店吉祥物 Logo

应用 5：徽章 Logo

徽章 Logo 通常是在一个圆形、盾形或其他几何形状的背景上添加文本和图像。这类 Logo 具有正式和权威的感觉，常见于政府、教育领域和汽车品牌。例如，哈佛大学的 Logo 就是一个徽章 Logo。

运行如下提示词，将得到如图 3－15 所示的图像。

Prompt：an emblem for a motorcycle group，vector，simple --no

photo realistic details

提示词：摩托车公司的徽章，矢量，简单，没有逼真的细节

图 3－15　摩托车公司徽章 Logo

运行如下提示词，将得到如图 3－16 所示的图像。

Prompt：an emblem logo for a university，book

提示词：大学徽章标志，书

运行如下提示词，将得到如图 3－17 所示的图像。

Prompt：emblem logo of a football club

提示词：足球俱乐部的徽章标志

运行如下提示词，将得到如图 3－18 所示的图像。

Prompt：farming wheat emblem，kitschy vintage retro simple --no shading detail and ornamentation realistic color

提示词：农场小麦徽章，俗气复古简约，无阴影细节和装饰逼真的色彩

图 3－16　大学徽章 Logo

图 3－17　足球俱乐部徽章 Logo

图3-18 农场小麦徽章Logo

第 4 章/*Chapter Four*

头像制作与照片处理

在日常的网络应用中，使用独特的头像是必不可少的。对于那些没有绘画技能的人来说，常常需要搜索网上的头像或者使用某个漫画角色的形象作为自己的头像。而 Midjourney 的出现使拥有个性化头像变得触手可及。Midjourney 是一款强大的 AI 图像生成工具，它可以根据用户的需求和指令创作出各种类型的图像，头像制作和照片处理就是其中的重要应用。

在头像制作方面，用户只需要提供提示词，Midjourney 就能生成具有相应特征的头像。同时，用户还可以通过调整各种参数来控制生成头像的细节和整体风格。例如，用户可以根据自己的喜好调整头像的颜色、亮度和对比度等属性，使生成的头像更加符合自己的审美需求。不仅如此，Midjourney 还支持使用图像作为提示词，让 Midjourney Bot 根据照片生成一个具有相似特征但风格完全不同的新头像。比如，用户可以上传一张真人照片，并在提示词中添加“动漫风格”，那么生成的将会是动漫风格的人物头像，而其特征则会保持和原照片相似。通过 Midjourney 可轻松实现头像制作，这无疑极大地降低了头像制作的难度和时间成本。

在照片处理方面，Midjourney 能够为用户提供多种处理操作，包括但不限于照片美化、滤镜应用、背景替换和艺术效果处理等。用户可以上传

一张自己的照片，并通过简单的指令告诉 Midjourney 自己想要的效果，AI 会自动完成后续的处理工作。例如，用户可以上传一张自己的照片，并在提示词中添加“水彩画风格”，那么 Midjourney 将会根据这个提示词将照片处理成水彩画风格。

Midjourney 通过其强大的 AI 图像生成和处理能力，为用户提供了一站式的头像制作和照片处理服务。无论是想要拥有个性化头像，还是希望将自己的照片处理得更加美观，都可以通过 Midjourney 轻松实现。这种方式不仅节省了用户自己手动处理图像的时间和精力，也使得每个人都可以轻松拥有专业级别的图像制作和处理能力。

应用 6：头像制作

使用 Midjourney 生成头像时，提示词中除了必须包含关键词“avatar”（头像）之外，可能还会包含以下几个主要部分。

（1）风格（style）：希望头像采用的艺术风格或设计元素。这可以是具体的风格（如卡通风格（cartoon style）、动漫风格（anime style）、肖像风格（portrait style）、超现实风格（surrealism）、抽象风格（abstract style）），也可以是具体的颜色或形状。

（2）特征（feature）：希望头像中突出的特征或要素。这可能包括性别（如男性（male）、女性（female））、发型（如短发（short hair）、长发（long hair））、表情（如微笑（smiling）、严肃（serious））、服饰（如西装（suit）、休闲装（casual wear）），甚至特定的配件（如眼镜（glasses）、帽子（hat））等。

（3）背景（background）：如果希望在头像中包含背景，那么也可以在提示词中描述。这可以包括具体的场景（如山景（mountain scene）、城市（city）），也可以是简单的背景色。

运行如下提示词，将得到如图 4-1 所示的图像。

Prompt：cartoon style，female avatar，short hair，smiling，wearing glasses，blue background

提示词：卡通风格的女性头像，短发，笑脸，戴着眼镜，蓝色背景

图 4-1 卡通风格的头像

运行如下提示词，将得到如图 4-2 所示的图像。

Prompt：anime style avatar，red-haired，black-eyed，wear Hanfu character with peach blossoms in the background

提示词：动漫风格的头像，红头发，黑眼睛，穿着汉服的人物，背景是桃花

图 4－2　动漫风格的头像

应用 7：利用照片生成头像

Midjourney 通过“Image Prompt”功能可以直接接收用户上传的照片，并将其作为生成新图像的参考。这种功能尤其适用于基于特定照片创建头像的情况。下面是一些步骤说明。

（1）选择并上传照片。可以选择一张自己喜欢的照片，这张照片可以是用户自己、他人或者希望在生成头像中引用的任何图像。照片中的人物轮廓要清晰，背景要干净，面部不要有遮挡物，光照要亮，建议选择正脸生活照、艺术照、证件照。上传后，复制照片地址作为图像提示词。

（2）设置提示词。在提示词中，用户可以描述想要的头像的样式和特征。例如，可以指定风格（如水彩风格、油画风格）、颜色主题等。

（3）运行 Midjourney。运行包含照片链接和文本内容的提示词，Midjourney 就会根据要求生成新的头像。

需要注意的是，Midjourney 并不会直接复制上传的照片，而是会理解这张照片的内容，并以这一理解作为创作新图像的参考。因此，生成的头像可能不会与原照片完全相同，但会尽可能保持一些主要的特征和风格。

利用照片生成头像的提示词结构如下：

照片链接＋avatar＋风格＋特征

例如，以笔者中学时代的照片（见图 4－3）为例，演示如何生成头像。

图 4－3　笔者中学时代的照片

（1）将照片上传到 Midjourney，生成的照片链接如下：

https://cdn.discordapp.com/attachments/1133896124055441488/1134123930983084123/7157b907a3719d5b.png

（2）编写生成头像的提示词。

Prompt: https://cdn.discordapp.com/attachments/1133896124055441488/1134123930983084123/7157b907a3719d5b.png avatar, pixar style, 3D rendering, light background, cartoon, pop art, hyper-realistic style

提示词：头像，皮克斯风格，三维渲染，灯光背景，卡通，波普艺术，超现实风格

（3）生成头像，如图4-4所示。

图4-4　皮克斯风格的头像

应用8：生成人物肖像

Midjourney生成人物肖像的方法与生成头像的方法类似，其主要工作也是编写提示词。提示词内容包括人物的性别、年龄、发型、衣着、表情

等各种信息，以及用户希望的艺术风格。Midjourney 通过理解和解析这些提示词，生成与提示词相关的肖像。有时为了让生成的图像更逼真，可以使用关键词“photography”。

生成人物肖像的提示词结构如下：

portrait of＋主体＋风格＋特征

运行如下提示词，将得到如图 4－5 所示的图像。

Prompt：portrait of a young girl with a flower crown，in the style of natural light，Fujifilm X-T4，dreamy expressions，high contrast image，bokeh effect，impressionist art，pastoral influence

提示词：一个戴着花冠的年轻女孩的肖像，自然光的风格，富士胶片 X-T4，梦幻的表情，高对比度的图像，散焦效果，印象派艺术，田园风格

图 4－5 年轻女孩肖像

应用9：生成夸张表情

讽刺画（caricature）是一种艺术形式，其主要特点是夸张或扭曲某人或某物的某些特征，以达到娱乐、讽刺或批评的目的。讽刺画的主要目标通常是人物，特别是名人和公众人物。

讽刺画在强调或夸大被描绘对象的某些特征时，可能会非常直接或夸张。例如，如果一个人有非常大的耳朵，那么讽刺画可能会把耳朵画得比实际尺寸大得多；如果一个人有特别标志性的胡子，那么讽刺画可能会把胡子画得非常显眼。

讽刺画可以让人发笑，也可以用来进行尖锐的社会或政治评论。这种艺术形式的独特之处在于，它通过夸大和扭曲的方式，让人们从新的角度看待被描绘的对象，从而引发思考或产生娱乐效果。

如果想创作出具有夸张表情的图像，可以在提示词中加入“caricature”，Midjourney将会根据提示词，生成一幅色彩鲜明、夸张且生动的讽刺画。

生成夸张表情的提示词结构如下：

caricature＋主体＋风格＋特征

运行如下提示词，将得到如图4-6所示的图像。

Prompt：expressive caricature in pixar style，unreal charming，seemingly mischievous irritated very old man with deep wrinkles，portrait，cartoon art style trending on ArtStation，sharp focus，studio photo，intricate details，highly detailed，by Greg Rutkowski

提示词：以皮克斯风格表现出的夸张讽刺画，虚幻的魅力，看似顽皮、稍显恼怒的带着深深皱纹的老者，肖像画，在ArtStation网站上流行的卡通艺术风格，焦点锐利，工作室照片，细节复杂，高度详细，格雷格·鲁特科夫斯基风格

图 4-6　表情夸张的老者

应用 10：人物换装

利用 Midjourney 可以轻松实现人物换装。在尊重和保护个人隐私的前提下，可以使用 Midjourney 来创作和生成艺术作品。下面将利用 Midjourney 生成一张欧洲模特的照片并进行换装操作。用户也可以使用自己的照片进行换装。

运行如下提示词，将得到如图 4-7 所示的图像。

Prompt：full length shot，a European model wearing a dress，street shot

提示词：全身照，一个穿着连衣裙的欧洲模特，街拍

图 4-7　欧洲模特

生成的图像的链接地址为：https://cdn.discordapp.com/ephemeral-attachments/1133896124055441488/1134252680236236800/wenzhiyi141319_full_length_shota_european_model_wearing_a_dress_6cb5a9a9-3147-40ed-b378-5df72de71f39.png

为了给人物换装，只需要在这个图像地址的基础上添加新服装的提示词即可，即图像地址＋服装提示词。

例如，让模特换穿红色连衣裙并戴上墨镜，可运行如下提示词，将得到如图 4-8 所示的图像。

Prompt：https://cdn.discordapp.com/ephemeral-attachments/1133896124055441488/1134252680236236800/wenzhiyi141319_full_length_shota_european_model_wearing_a_dress_6cb5a9a9-3147-40ed-b378-5df72de71f39.png **a red dress，sunglasses**

提示词：红色连衣裙，墨镜

图 4-8　穿着红色连衣裙、戴着墨镜的欧洲模特

使用该方法给人物换装，最大的问题就是人物变化较大。为了确保人物的原始形象得以保持，可以先用 Photoshop 将人物照片和所选服装图像进行简单的合并，然后将合并后的图像输入 Midjourney 进行图像再创作。这样可以在一定程度上保证人物的原始形象。使用第 1 章介绍的 Vary (Region) 功能也可以进行换装。

应用 11：换　脸

在 Midjourney 进行换脸操作的过程中，常常需要借助一种被称为 InsightFace 的开源工具。InsightFace 是一种 AI 工具，其功能强大，包括

但不限于人脸识别和人脸检测等。利用这一工具，Midjourney 能够更加轻松地实现人物肖像的换脸。接下来，将向大家介绍如何利用 InsightFace 进行换脸操作。

（1）将 InsightFace 邀请至用户的 Discord 服务器中。

前往 InsightFace 的 GitHub 页面：

https://github.com/deepinsight/insightface/tree/master/web-demos/swapping_discord

找到邀请链接：

https://discord.com/api/oauth2/authorize?client_id=1090660574196674713&permissions=274877945856&scope=bot

点击该链接，邀请 InsightFace 加入你的 Discord 服务器，如图 4－9 所示。

图 4－9　邀请 InsightFace 机器人加入 Discord 服务器

（2）定义 ID，输入源人脸。在命令行输入框中输入命令“/saveid”，并为你的 ID 名称命名。例如，ID 名称为“model”。接下来，将你希望替换的图像拖放到命令行窗口中，或者你也可以点击窗口进行选择，然后按 Enter 键。这将作为后续替换的源人脸图像，如图 4－10 所示。

图 4-10　定义 ID，输入源人脸

（3）使用 Midjourney 替换人脸。在命令行输入指令“/swapid”，选择要替换的人脸图像，再输入刚才定义的 ID，按 Enter 键上传，如图 4-11 所示。上传成功后，原图像中的人脸将被自动替换，如图 4-12 所示。

图 4-11　输入替换指令

图 4-12　替换后的效果图

第 5 章/*Chapter Five*

动漫创作

在 Midjourney 平台上，有一款专为动漫创作而设计的模型——Niji。Niji 是 Midjourney 团队与来自麻省理工学院的 Spellbrush 团队合作开发的一款专门针对二次元的 AI 绘画模型，它拥有丰富的动漫风格和美学知识，擅长创建富有表现力和动感十足的镜头，且非常注重角色和构图。

要使用 Niji 模型需要通过/settings 指令，选择设计 Niji 模型。Niji 目前有两个版本，分别是 Niji 4 和 Niji 5，本章案例主要使用 Niji 5 来完成（见图 5-1）。

图 5-1　选择模型为 Niji 5

Niji 5 模型具备五种独特的风格：Default Style（默认风格）、Expressive Style（表现力风格）、Cute Style（可爱风格）、Scenic Style（场景风格）以及 Original Style（原始风格）。每种风格都有自己独有的特征和最适合的应用环境。

在艺术美感方面，Default Style 相较于前一版本（Niji 4）展现出了更强的明暗分界。整个画面更为洁净，纹理较少，同时展现出了统一的光线和阴影效果。细节方面，例如眼睛的高光处理，表现得非常精准。

运行如下提示词，将得到如图 5-2 所示的图像。

Prompt：night sky and lanterns fantasy landscape in the style of Genshin Impact --ar 16∶9

提示词：《原神》风格的夜空和灯笼幻想景观

图 5-2 默认风格的动漫

Expressive Style 可以设计出更为真实的眼睛效果，有助于更好地渲染风格化的角色。该风格通过次表面散射技术，使半透明物体展现出更美丽的光线效果。环境光遮蔽使得物体的阴影更逼真，高色度使得整体画面色彩更饱和，显得更为温暖，展现出了更精致的插图感（偏欧美审美）。

运行如下提示词，将得到如图 5－3 所示的图像。

Prompt：(best quality, masterpiece), a girl, pose, wind, upper body, blue and pink color scheme, simple background, look at the viewer --niji 5 --style expressive

提示词：(最佳质量，杰作)，一个女孩，摆姿势，风，上半身，蓝色和粉色配色方案，简单背景，看着观众

图 5－3　表现力风格的动漫女孩

Cute Style 的最大特点是设计出更为可爱的眼睛效果，与其他风格形成鲜明对比。该风格采用平面着色技术，3D 光影效果较少，整体感觉更接近 2D 风格。此外，它提供了更多的空白空间以强调构图，同时包含了更多图形外观和细节，非常适合创作迷人且可爱的角色、道具以及布景。

运行如下提示词，将得到如图 5－4 所示的图像。

Prompt：a girl with a kitty --niji 5 --style cute

提示词：小女孩和小猫咪

图 5-4　可爱风格的动漫女孩

Scenic Style 沿用了默认风格中的现代动漫面部设计，同时融合了表现力风格的 3D 打光系统，让背景呈现出逼真的 3D 光影效果。此外，它还采用了可爱风格的 2D 设计元素，以 2D 元素的排列方式实现平衡的构图。这种风格特别适用于描绘美丽的风景或环境中的角色。

运行如下提示词，将得到如图 5-5 所示的图像。

Prompt：sunrise at the beach --niji 5 --style scenic

提示词：海滩日出

Original Style 则沿用了 2023 年 5 月 26 日之前的默认设定，即原始的 Niji 5 模型，它在整体表现上更为稳定。

图 5－5 场景风格的动漫

应用 12：模仿动漫艺术家风格创作动漫

使用 Midjourney 创作动漫作品时，最简单有效的方法就是在提示词中插入一位著名的动漫艺术家的名字，比如，宫崎骏（Hayao Miyazaki）或者大冢康生（Yasuo Otsuka）。这样做的好处是，Midjourney 会根据这些艺术家的作品风格和审美特点，生成相应风格的动漫图像。

例如，如果希望生成一张充满神秘色彩和奇幻元素的动漫图像，就可以在提示词中提及宫崎骏。如果希望生成的动漫图像更加注重人物动态和细腻情感，那么提及大冢康生或许是一个更好的选择。

不过，需要注意的是，虽然在提示词中提及动漫艺术家的名字有助于指导图像的生成，但最终生成的图像并不会完全模仿这些艺术家的作品。Midjourney会结合其他提示词，创作出独特而富有个性的动漫图像。

提示词结构如下：

动漫内容描述+by动漫艺术家英文名/in the style of 动漫艺术家英文名

下面是一些著名的动漫艺术家及其代表作：

• Hayao Miyazaki，co-founder of Studio Ghibli（宫崎骏，吉卜力工作室的共同创始人）

• Yasuo Otsuka，*The Legend of the White Snake*（大冢康生，《白蛇传》）

• Eiichiro Oda，*One Piece*（尾田荣一郎，《航海王》）

• Naoko Takeuchi，*Sailor Moon*（武内直子，《美少女战士》）

• Takehiko Inoue，*Slam Dunk*（井上雄彦，《灌篮高手》）

• Hisashi Hirai，*Gundam*（平井久司，《机动战士高达》）

• Yoshihiro Togashi，*Hunter×Hunter*（富坚义博，《全职猎人》）

• Fujimoto Hiroshi，*Doraemon*（藤本弘，《哆啦A梦》）

• Yoh Yoshinari，*Evangelion*（吉成曜，《新世纪福音战士》）

• Momoko Sakura，*Chibi Maruko-chan*（佐仓桃子，《樱桃小丸子》）

运行如下提示词，将得到如图5-6所示的图像。

Prompt：the little girl riding an electric scooter，in a beautiful anime scene **by Hayao Miyazaki**：a snowy Tokyo city with Miyazaki clouds floating in the blue sky，enchanting snowscapes of the city with bright sunlight，Miyazaki's landscape imagery，Japanese art --niji 5

提示词：骑电动车的小女孩，美丽的宫崎骏动画场景：白雪皑皑的东京市，巨大的宫崎骏风格的云朵在蓝色的天空中飘荡，迷人的雪景城市，有着刺眼的阳光，宫崎骏风格的风景画面，日本艺术

图 5-6　宫崎骏风格的动漫

应用 13：创作复古风格的动漫

为了营造一种复古的动漫风格，可以在 Midjourney 的提示词中加入一些具有时代特色的元素和风格标签，比如“1980s anime”（20 世纪 80 年代动漫）、“retro anime”（复古风格）等。这样，AI 就会根据这些提示词生成具有复古风格的动漫图像。

对于复古风格的动漫，画面的色调选择也是非常重要的。复古动漫往往会使用较为饱满、对比度高的色彩，有时还会添加一些像素效果或者磨砂效果以增加复古的感觉。用户可以在提示词中加入“鲜艳的色彩”“高对比度”“像素效果”等要求。

复古风格动漫关键词有：

- 1970s anime（20 世纪 70 年代动漫）
- 1980s anime（20 世纪 80 年代动漫）
- 1990s anime（20 世纪 90 年代动漫）
- retro anime（复古动漫）

运行如下提示词，将得到如图 5－7 所示的图像。

Prompt：1980s anime，girl and boy having coffee at a coffee shop，retro fashion，muted colors --ar 3∶2 --niji 5

提示词：20 世纪 80 年代的动漫，一个女孩和一个男孩在咖啡馆喝咖啡，复古、时尚，柔和的颜色

图 5－7　20 世纪 80 年代复古风格动漫

应用 14：创作未来主义风格的动漫

在 Midjourney 中，也可以轻松创建未来主义风格的动漫艺术作品。以

科技为主题，结合透明乙烯基衣服、透明 PVC 材料、反光服装和未来主义服装等元素，可以构建一个充满科幻色彩的画面。

首先，未来主义风格的动漫人物不仅要展现出未来的科技和时尚元素，而且要具有辨识度和独特性。这时，可以利用 Midjourney 的功能，为人物设计透明乙烯基衣服和透明 PVC 材料制作的配件。这样的衣服和配件可以使人物看起来更具未来感。

其次，反光服装和未来主义服装也是未来主义风格常用的元素。在 Midjourney 中，可以利用“reflective clothing”（反光服装）和“futuristic clothing”（未来主义服装）这两个关键词，创造出独特的未来主义服装风格。反光服装可以使人物在任何环境下都能成为焦点，而未来主义服装则可以突出人物的个性和身份。

此外，为了强调未来感和科技感，还可以利用 Midjourney 的功能，为作品添加“chromatic aberration”（色差）、“holographic”（全息的）和“iridescent opaque thin film RGB”（彩虹色不透明薄膜 RGB）等效果。色差可以增加画面的视觉冲击力，全息的元素可以增添神秘和高科技感，彩虹色不透明薄膜 RGB 效果则可以使画面看起来更加丰富和有深度。

常用的未来主义风格关键词有：

- chromatic aberration
- holographic
- iridescent opaque thin film RGB
- transparent vinyl clothing（透明乙烯基衣服）
- transparent PVC（透明 PVC 材料）
- reflective clothing
- futuristic clothing

运行如下提示词，将得到如图 5－8 所示的图像。

Prompt：Pixiv，hyper detailed，Harajuku fashion，futuristic fashion，anime girl，headphone，colorful reflective fabric inner，transparent PVC

jacket，in Tokyo city center

提示词：Pixiv，极高的细节，原宿时尚，未来主义时尚，动漫女孩，耳机，彩色反光面料内衬，透明 PVC 夹克，在东京市中心

图 5-8　未来主义风格的动漫女孩

运行如下提示词，将得到如图 5-9 所示的图像。

Prompt：girl，anime，looking at viewer，bubbles，highly detailed，reflective transparent iridescent opaque jacket，long transparent iridescent RGB hair

提示词：动漫风格的女孩，正在直视观众，周围飘浮着气泡，图像细节精致且复杂，展示了一件反光的、半透明且拥有彩虹般色彩的夹克，长发透明且色彩斑斓，呈现出一种独特的 RGB 色彩的彩虹效果

图 5－9　未来主义风格的彩虹效果女孩

应用 15：创作漫画

漫画，这种源自日本的艺术形式，以其独特的角色插图风格闻名于世。漫画包含丰富多样的题材，从奇幻冒险到现实生活描绘，无所不有，不仅在日本，甚至在全球范围内都极受欢迎，成为一种人们非常喜爱的娱乐形式。

漫画素描（manga drawing）是漫画创作的第一步。艺术家首先需要根据故事情节来勾勒出角色的大概形象，将脑海中的想象从笔尖流淌到纸面上，形成一幅幅生动的场景。

在素描的基础上，漫画阴影（manga shading）的作用便体现出来了。通过对阴影的精准描绘，人物的表情和动作将更具立体感和动态感，能够

让读者更好地理解和感知角色的情绪和动作。

漫画屏幕调色板（manga screentone）是一种特殊的印刷工艺，使用大间距和广泛的点阵（largely and widely-spaced dots）或者半色调图案（halftone pattern）在黑白的漫画中增加层次感和纹理，以达到更丰富的视觉效果。

最后，这些画面会被整合到漫画连环画（manga comic strip）中，通过一定的顺序和节奏，将一个完整的故事情节串联，让读者沿着画家设计的故事线阅读，享受这一独特的艺术形式带来的乐趣。

漫画常用关键词有：

- manga drawing
- manga shading
- manga screentone
- largely and widely-spaced dots
- halftone pattern
- manga comic strip

为了绘制复古类型的漫画，也可以添加年代关键词：80s，90s，00s，10s，20s等。

运行如下提示词，将得到如图5-10所示的图像。

Prompt：a 1980s Japanese manga drawing，a girl with cat ears and a dress --ar 3∶2

提示词：一幅20世纪80年代的日本漫画，一个长着猫耳朵、穿连衣裙的女孩

运行如下提示词，将得到如图5-11所示的图像。

Prompt：samurai，manga screentone，screen tone patterns，dot pattern，largely and widely-spaced dots，high quality --ar 3∶2

提示词：武士，采用漫画屏幕调色板，屏幕色调图案，具有点状图案，使用大间距和广泛的点阵，高质量

图 5－10　日本漫画女孩

图 5－11　武士的漫画屏幕色调

运行如下提示词，将得到如图 5－12 所示的图像。

Prompt：a page from manga comic strip book with Daniel Craig fighting with bad guys，featured on Pixiv，underground comix，cyber-punk，concept art --ar 3：2

提示词：一本漫画连环画书中的一页，描绘了丹尼尔·克雷格与坏人战斗的场景，该作品在 Pixiv 网站上特色展示，地下漫画，赛博朋克，概念艺术风格

图 5－12　丹尼尔·克雷格格斗连环画

应用 16：创作人物和玩具动漫

如果想使用 Midjourney 生成令人难以置信的动作人物、玩具和动漫人物的逼真图像，可以尝试下面这些关键词提示。

（1）chibi character（赤子之心人物）：这是一种常见于日本动漫和漫画中的角色设计风格，通常表现为角色的头部与身体部分相比较大，以营造

出一种可爱和夸张的效果。

（2）miniature character（微型人物）：微型人物的设计通常在细节方面需要格外注意，尤其是当这些角色被放置在具有大量细节的环境中（例如一个精细的模型城市或房间内）时。

（3）anime character（动漫人物）：动漫人物的设计风格非常广泛，可以根据角色的性格、故事背景等因素进行设计。

（4）toy figure（玩具人物）：玩具人物的设计通常需要考虑实际的生产工艺，例如由塑料或聚酯油灰制成的玩具人物。

（5）in a glass display case（装在一个玻璃展示柜里）：这是一个特定的场景描述，可以用来在 Midjourney 中生成特定的环境。例如，可以在提示词中添加“一个精心布置的玻璃展示柜中放置着各种各样的玩具人物”。

（6）made of plastic（塑料制成）和 made of polyester putty（聚酯油灰制成）：这两个提示词用于描述人物或物品的材质。例如，可以在提示词中添加“由塑料制成的动漫人物，其细节精致且色彩鲜艳”或者“由聚酯油灰制成的微型人物，看起来就像真实的微缩模型”。

通过适当地组合和调整这些关键词，可以在 Midjourney 中创造出各种各样的动画和人物形象。

运行如下提示词，将得到如图 5－13 所示的图像。

Prompt：chibi Japanese boy photographer，eggshell，space，mart，pastel，3D，gradient

提示词：赤子之心日本男孩摄影师，蛋壳，空间，集市，粉彩，3D，渐变

运行如下提示词，将得到如图 5－14 所示的图像。

Prompt：toy figure，anime，blue cute，dress

提示词：玩具人物，动漫，蓝色、可爱，连衣裙

图 5 - 13　赤子之心男孩

图 5 - 14　玩具人物女孩

应用 17：动漫角色设计

作为一名动漫设计师，Midjourney 可以成为你的强大助手。如果你正在努力创造一致性的角色，其表情和姿态多样化，那么不必过于苦恼。尝试使用以下关键词，你会发现创作变得更加轻松、有趣。

（1）Character expression sheet（角色表情表）：让角色拥有丰富的情绪表达，喜怒哀乐都可轻松呈现。

（2）Character design sheet（角色设计表）：帮助完善角色的基本要素，如体型、发型、服饰等。

（3）Character pose sheet（角色姿态表）：通过不同的动作和姿势，展现角色的活力和个性。

（4）Turnaround sheet（转折表）：透视和角度的转变使角色更立体、更富动态感。

（5）Concept design sheet（概念设计表）：以此捕捉和明确角色的基本设定和特征。

（6）Items sheet/Accessories（物品表/配饰）：为角色增加道具和配饰，丰富其故事背景和个人特色。

（7）Dress-up sheet/Fashion sheet（装饰表/时尚表）：利用不同的服饰款式和风格，打造角色的时尚形象。

（8）Full body portrait（全身画像）：全身画像可帮助用户全面观察和设计角色，每个细节都一目了然。

在 Midjourney 中使用这些关键词提示，用户将会更加高效地进行角色创作和设计。下面让我们一起创造出让人眼前一亮的动漫作品吧！

1. Character expression sheet

运行如下提示词，将得到如图 5－15 所示的图像。

Prompt：Character expression sheet，a girl，big eyes

提示词：角色表情表，大眼睛女孩

图5-15　角色表情表

2. Character design sheet

运行如下提示词，将得到如图5-16所示的图像。

Prompt：Character design sheet，a girl，big eyes

提示词：角色设计表，大眼睛女孩

3. Character pose sheet

运行如下提示词，将得到如图5-17所示的图像。

Prompt：Character pose sheet，a girl，big eyes

提示词：角色姿态表，大眼睛女孩

图 5 - 16 角色设计表

图 5 - 17 角色姿态表

4. Turnaround sheet

运行如下提示词，将得到如图 5－18 所示的图像。

Prompt：Turnaround sheet，a girl，big eyes

提示词：转折表，大眼睛女孩

图 5－18　转折表

5. Concept design sheet

运行如下提示词，将得到如图 5－19 所示的图像。

Prompt：Concept design sheet，a girl，big eyes

提示词：概念设计表，大眼睛女孩

6. Items sheet/Accessories

运行如下提示词，将得到如图 5－20 所示的图像。

Prompt：Items sheet，a girl，big eyes

提示词：物品表，大眼睛女孩

图 5 - 19　概念设计表

图 5 - 20　物品表

7. Dress-up sheet/Fashion sheet

运行如下提示词，将得到如图 5－21 所示的图像。

Prompt：Dress-up sheet，a girl，big eyes

提示词：装饰表，大眼睛女孩

图 5－21　装饰表

8. Full body portrait

运行如下提示词，将得到如图 5－22 所示的图像。

Prompt：Full body portrait，a girl，big eyes

提示词：全身画像，大眼睛女孩

图 5-22　女孩全身画像

第6章/*Chapter Six*

游戏素材创作

Midjourney也可以应用于游戏素材创作。无论研发像素游戏还是3D游戏，Midjourney都能提供强大的辅助。

对于像素游戏制作人员，Midjourney可以帮助创建各种独特的像素艺术元素。通过设定具体的关键词，用户可以设计出从复古到现代的各种像素艺术风格，无论角色设计、游戏地图还是游戏界面，都能轻松应对。

对于3D游戏开发者，Midjourney的功能更加强大。首先，用户可以利用Midjourney来创建3D游戏人物。只需提供一些关键词，比如角色的性别、年龄、职业、性格等，Midjourney就能自动生成具有独特风格和特点的3D角色模型。这不仅可以极大地节省角色设计的时间，而且可以为设计师提供创意灵感。

人物设定图和场景设定图是游戏开发中不可或缺的部分，Midjourney也能够提供强大的支持。用户可以设置具体的关键词来生成包含角色外观、姿态、表情、服装等多方面信息的人物设定图。对于场景设定图，无论用户想要详细的全景图还是精确的地图，Midjourney都能够满足需求。

此外，Midjourney还可以帮助创建3D游戏道具和场景。无论古老的

城堡、科技感十足的未来城市还是幽暗的地下城，只要用户提供足够精准的关键词描述，Midjourney 都能准确地呈现出用户心目中的场景。同样，游戏道具，比如武器、装备等，都可以通过 Midjourney 来设计。

总的来说，无论专业的游戏开发者还是游戏爱好者，都可以利用 Midjourney 快速高效地创造出各种游戏素材。让我们一起利用 Midjourney 的力量，创造出更精彩的游戏世界吧。

应用 18：制作像素游戏素材

像素游戏，也称为像素艺术游戏或 8 位游戏，是一种视觉艺术风格，主要使用小的、可见的、块状的像素来创建和表示游戏图像和角色。这种风格的游戏通常采用简单的 2D 图形，并且大部分采用精巧设计的平面或立方体像素，以形成复杂的角色、物体或场景。

这种风格源于早期的电脑和视频游戏，当时的硬件限制使开发者不得不使用有限的像素和颜色来设计游戏。尽管现在的游戏开发已经不再受这些硬件的限制，但像素艺术风格仍然在游戏设计中被广泛使用，这主要是因为它有独特的视觉效果和复古的魅力。

像素游戏的代表作品有《超级马里奥兄弟》《塞尔达传说》《我的世界》等。这种风格的游戏往往具有很强的艺术性和创新性，能够提供与众不同的游戏体验。

像素游戏关键词有：

- 8-bit pixel art
- 16-bit pixel art
- 32-bit pixel art

运行如下提示词，将得到如图 6－1 所示的图像。

Prompt：8-bit pixel，industrial urban，densely patterned，countryside，light grey，Pokemon，Owlboy --ar 3∶2

提示词：8位像素，工业化城市，图案密集的乡村，淡灰色，《宝可梦》，《猫头鹰男孩》

图6-1 8位像素游戏场景

运行如下提示词，将得到如图6-2所示的图像。

Prompt：16-bit pixel，busy street，trees，Lego，8K，pastel

提示词：16位像素，繁忙的街道，树木，乐高，8K分辨率，粉彩色调

运行如下提示词，将得到如图6-3所示的图像。

Prompt：32-bit pixel art，isometric，a knight，cozy cottage，pastel，8K --ar 3∶2

提示词：32位像素艺术，等轴艺术，一个骑士，舒适的小屋，粉彩色调，8K分辨率

图 6-2　16 位像素游戏场景，乐高风格

图 6-3　32 位像素游戏场景，等轴艺术

应用 19：制作 3D 游戏人物

Midjourney 在 3D 游戏角色创作方面提供了强大的功能和资源。这款工具不仅能够生成高质量的 3D 人物模型，而且可以根据用户的描述生成特定的人物特征和动作。

例如，如果要创作一个古代战士的角色，那么可以在 Midjourney 中输入相关的关键词，如“medieval warrior，chainmail armor，broadsword，in battle pose”（中世纪战士，锁子甲，阔剑，战斗姿势）。Midjourney 会根据这些关键词生成一个具有指定特征和动作的 3D 战士模型。此外，也可以通过调整关键词来改变人物的动作，例如，将“in battle pose”（战斗姿势）更改为“in victory pose”（胜利姿势），这样就可以得到一个胜利庆祝的战士模型。

另外，Midjourney 还可以应用于复杂的 3D 角色创作，如神秘的精灵或者未来的赛博朋克角色。只需要根据想象输入相应的关键词，Midjourney 就能生成一个令人惊叹的 3D 角色模型。无论是对于专业的游戏开发者还是对于游戏爱好者来说，Midjourney 都是一种强大而便利的工具。

3D 游戏必须包含的关键词为 blender 3D。

运行如下提示词，将得到如图 6－4 所示的图像。

Prompt：blender 3D，medieval warrior，chainmail armor，broadsword，in battle pose

提示词：blender 3D，中世纪战士，锁子甲，阔剑，战斗姿势

运行如下提示词，将得到如图 6－5 所示的图像。

Prompt：blender 3D，medieval warrior，chainmail armor，broadsword，in victory pose

提示词：blender 3D，中世纪战士，锁子甲，阔剑，胜利姿势

图 6-4　战斗姿势的中世纪战士

图 6-5　胜利姿势的中世纪战士

应用 20：制作 3D 游戏角色设定图

Midjourney 在创建 3D 游戏角色设定图方面也非常出色。通过输入关键词“character concept sheet”或者“3D character reference sheets”，用户可以生成详细的角色设定图，这对于角色设计和描绘的过程是非常有用的。

在一个角色设定图中，一般包含角色的各种视角、角色的表情和姿态以及角色的服装和配件。有了这些信息，游戏原画师可以更好地理解角色的外观和个性，从而更有效地将角色带入游戏中。

运行如下提示词，将得到如图 6－6 所示的图像。

Prompt：blender 3D，space mercenary character concept sheet

提示词：blender 3D，太空佣兵角色设定图

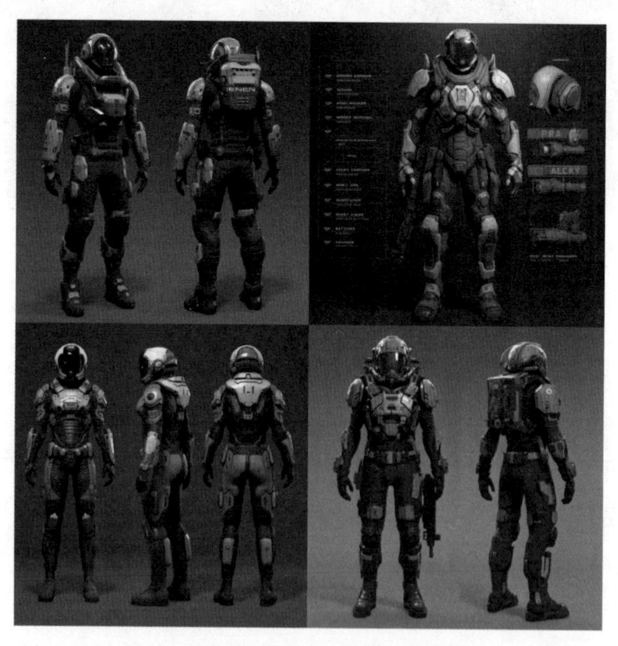

图 6－6　3D 太空佣兵角色设定图

运行如下提示词，将得到如图 6－7 所示的图像。

Prompt：blender 3D，character reference sheets，wizard

提示词：blender 3D，角色设定图，巫师

图 6－7　3D 巫师角色设定图

应用 21：制作 3D 游戏场景图

Midjourney 在 3D 游戏场景设计方面展现出了巨大的潜力和可能性。无论精细的城市风光、古老的废墟、异域世界的景色，还是富有生命力的森林，Midjourney 都能够通过其强大的 AI 生成技术创造出细致入微的 3D 游戏场景图。

Midjourney 拥有大量的场景关键词和详细的参数设定，能够帮助游戏

设计师构建出各种类型的 3D 游戏环境。例如，如果用户需要沉浸式的森林环境，就可以使用“lush forest”“sunlight filtering through trees”“detailed vegetation”等关键词。如果用户需要荒芜的战场环境，那么可以尝试使用“war-torn landscape”“craters”“destroyed buildings”等关键词。

此外，还可以通过调整渲染效果和视角设置来符合设计需求和视觉效果。例如，可以通过设定光线方向、天气条件、时间段等来控制场景的光照效果和氛围感；也可以设置视角参数，比如鸟瞰视角、第一人称视角、侧视视角等，以满足不同游戏类型和视觉风格的需求。

运行如下提示词，将得到如图 6－8 所示的图像。

Prompt：blender 3D，earthquake，tsunami，tornado，volcano eruption，destruction of city，cinematic

提示词：blender 3D，地震，海啸，龙卷风，火山爆发，城市毁灭，电影般的场景

图 6－8　3D 游戏场景图

应用22：制作3D游戏道具

作为一款先进的AI图像生成工具，Midjourney也可以帮助游戏设计师创建3D游戏装备。不管是剑、盾、弓箭、法杖还是魔法装置，Midjourney都能用准确和生动的3D图像呈现出来。

例如，使用“blender 3D，高科技军事装备，粒子光束枪，科幻风格”这样的关键词提示，Midjourney会根据提示词生成一款外形独特、设计巧妙的粒子光束枪的3D图像。这将大大提高游戏开发的效率，同时也能为游戏带来更多元、更丰富的装备设计。

或者，如果正在设计一款奇幻风格的游戏，可能需要一些古老的、神秘的魔法装备，那么可以尝试“blender 3D，奇幻风格，古老魔法书，龙皮材质，炽热的符文”这样的关键词提示，Midjourney能够生成一本栩栩如生的古老魔法书的3D图像。

运行如下提示词，将得到如图6-9所示的图像。

Prompt：blender 3D，high-tech military equipment，particle beam guns，sci-fi style

提示词：blender 3D，高科技军事装备，粒子光束枪，科幻风格

运行如下提示词，将得到如图6-10所示的图像。

Prompt：blender 3D，different types of signet ring

提示词：blender 3D，不同类型的图章戒指

运行如下提示词，将得到如图6-11所示的图像。

Prompt：blender 3D，various swords in Game of Thrones，in the style of Hearthstone

提示词：blender 3D，《权力的游戏》中的各种剑，《炉石传说》风格

图6-9　3D游戏粒子光束枪

图6-10　3D图章戒指

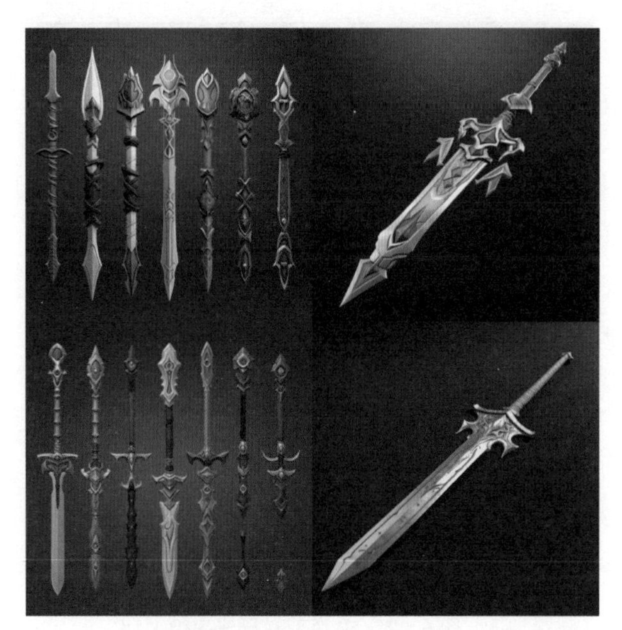

图 6-11 《权力的游戏》中各种《炉石传说》风格的 3D 剑

第 7 章/*Chapter Seven*

海报设计

Midjourney 可以用于广告、宣传或者活动等方面的海报设计。从简洁的商业海报到具有浓郁艺术风格的活动宣传海报，Midjourney 都能胜任。例如，如果用户需要设计一张音乐节的海报，那么可以尝试使用关键词“音乐节海报，现代，炫彩，摇滚，音乐符号”，Midjourney 会生成一张结合现代感和摇滚元素且色彩炫丽的音乐节海报。又比如，用户可能正在为一场慈善募捐活动设计海报，这时可以尝试使用“海报，慈善，募捐，温馨，心形，彩虹”这样的关键词，Midjourney 会生成一张充满温情和善意、彩虹和心形元素交织的慈善募捐海报，这张海报既能传递活动的主题，又能引起观众的共鸣。

无论用户需要什么样的海报，无论主题是什么，Midjourney 都能提供出色的海报设计。

应用 23：设计产品海报

Midjourney 特别适合做产品海报设计，尤其是 V 5 以后的模型版本以其写实风格受到青睐，这对于制作产品海报来说效果极佳。

产品海报的提示词结构如下：

主体＋拍摄效果（商业摄影/舞台效果/聚光灯等）＋场景（玻璃桌面/宽敞明亮的房间等）＋背景风格（浅色背景、深色背景、渐变色背景、明亮背景等）＋视角（俯视视角/正面视角等）＋其他效果词（简洁、间接照明、高级感等）

（1）主体：这是海报的中心，应与所销售的产品相关。

（2）拍摄效果：希望呈现出商业摄影的精细感、舞台效果的戏剧性，还是聚光灯效果的焦点感？

（3）场景：产品是放置在玻璃桌面上还是宽敞明亮的房间里？

（4）背景风格：想要的是浅色背景，还是深色背景？或是渐变色背景，还是明亮的背景？

（5）视角：想通过俯视视角展示产品的全貌，还是通过正面视角展示产品的细节？

（6）其他效果词：希望海报看起来简洁，还是充满间接照明的氛围？希望给人以高级感，还是家的温馨感？

以上要素并不固定，用户可以根据实际需求调整提示词内容。Midjourney V 5 将根据提示词，创造出吸引人且具有售货力的海报，帮助产品在市场中脱颖而出。

运行如下提示词，将得到如图 7－1 所示的图像。

Prompt：product poster，one bottle of perfume，commercial photography，stage effect，4K，noble and elegant

提示词：产品海报，一瓶香水，商业摄影，舞台效果，4K 分辨率，高贵典雅

运行如下提示词，将得到如图 7－2 所示的图像。

Prompt：sports shoe poster，water splashing，realistic

提示词：运动鞋海报，水花飞溅，真实感

运行如下提示词，将得到如图 7－3 所示的图像。

Prompt：product photography of beautiful diamond ring sitting，

图7-1　香水海报

图7-2　运动鞋海报

tree branch，with white flowers，blue iris，shadow

提示词：产品摄影，美丽的钻戒座，树枝，带有白色花朵，蓝色虹膜，阴影

图 7-3　钻戒海报

应用 24：设计电影海报

在 Midjourney 平台上，电影海报的创作过程已经远超传统设计软件的图像编辑和布局设计。利用 Midjourney 的强大能力，设计师能够将各种元素融合在一起，创造出极富视觉冲击力和艺术价值的电影海报作品。

首先，Midjourney V 5 之后的版本模型是一种出色的工具，它对现实风格的熟练掌握使其成为电影海报创作的理想选择。无论创作身临其境的科幻场景海报，还是制作富有深度和情感的剧情电影海报，V 5 都能展现出非常强的表现力。

其次，描述词的选择是海报设计的关键。用户可以选择主演的特写镜头、动态的动作场景或者令人惊叹的特效，这些都可以直观地传达电影的

主题和氛围。也可以考虑使用光线效果（如逆光、聚光灯等）以及各种视角（如正面视角、俯视视角等），这些都可以增强海报的视觉吸引力。

再次，场景的选择也至关重要。例如，可以选择在一个末日荒漠的背景中展现科幻电影的气氛，或者在一个华丽的宫廷中设置一部历史剧的海报，还可以使用各种背景风格（如深色背景、渐变色背景等），以增加海报的深度感和视觉层次。

最后，为了提升海报的专业感和高级感，还可以使用各种效果词，如 4K 超高清、高级感、华丽等，这些都可以使海报看起来更加精美和专业。

Midjourney 为电影海报的创作提供了一个全新的、富有创造力的平台，让设计师能够释放他们的想象力，创造出独一无二的作品。

电影海报的提示词结构如下：

movie poster for＋主体＋细节描述＋风格＋构图

运行如下提示词，将得到如图 7－4 所示的图像。

Prompt：movie poster for The Godfather

提示词：电影《教父》海报

图 7－4　电影《教父》海报

运行如下提示词，将得到如图 7－5 所示的图像。

Prompt：Chinese poster for the movie ‘Chang'an 30000 Miles’ with an image of a horse and people riding up，in the style of colored cartoon，rendered in Cinema 4D，orange and green，the New Fauves，lively action poses，RTX on，animation --ar 5：8

提示词：为电影《长安三万里》设计的中国海报，描绘了一幅骑马奔驰的画面，人们驾驭着马儿向前冲去。这幅海报以彩色卡通风格呈现，通过 Cinema 4D 渲染，以橙色和绿色为主调，带有新野兽派的特色，动作姿态生动活泼，开启了 RTX 光线追踪技术，整个画面仿佛跃然于纸上，形成一种动画效果

图 7－5　电影《长安三万里》海报

应用 25：设计旅游海报

如果用户是一位旅行爱好者，或者是一家旅行社，那么可能需要一张吸引人的旅游海报来展示目的地。这时 Midjourney 将发挥作用。

通过使用 Midjourney，用户可以创建出一张描述具体景点、特色食物、文化活动、本地民俗，甚至当地气候条件的旅游海报。例如，如果用户想创建一张关于杭州西湖的旅游海报，那么可能会涉及“the West Lake”（西湖），“Leifeng Pagoda”（雷峰塔），“sunset”（夕阳）等关键词。这样将会得到一张精美的旅游海报，详尽展示了杭州西湖的魅力。

另外，Midjourney 允许用户调整海报的风格，比如，选择卡通风格还是写实风格。用户还可以要求 Midjourney 提供不同版本的海报设计，比如夜景版本、日景版本、春夏秋冬版本等，这样就可以根据不同的销售策略或者季节更换海报设计。

无论用户想要一张具有艺术感的旅游海报，还是想要一张详尽描绘目的地特色的实用海报，Midjourney 都可以提供帮助。只需要输入合适的关键词，Midjourney 就可以为用户生成一张满足需求的旅游海报。

旅游海报的提示词结构如下：

travel poster for＋主体＋细节描述＋风格＋构图

运行如下提示词，将得到如图 7-6 所示的图像。

Prompt：travel poster for Hangzhou，featuring the picturesque West Lake，warm sunset，with the iconic pagoda

提示词：杭州旅游海报，以风景如画的西湖、温暖的夕阳和标志性的宝塔为特色

运行如下提示词，将得到如图 7-7 所示的图像。

Prompt：travel poster for Republic of Malta，coast

提示词：马耳他共和国海岸旅游海报

图 7－6　杭州旅游海报

图 7－7　马耳他旅游海报

应用26：设计演出海报

当筹备一场音乐会、戏剧表演或者任何类型的演出活动时，一张引人注目的海报是必不可少的。Midjourney 的强大功能可以根据用户的要求，创作出独一无二的演出海报。

Midjourney 可以生成各种风格的演出海报，无论是古典音乐会的优雅氛围，还是摇滚音乐会的狂野激情，甚至是迷幻音乐节的梦幻气息，只要指定了恰当的关键词，Midjourney 就能创作出符合期望的海报。

例如，如果正在准备一场摇滚音乐会，那么可能会使用如下关键词："rock concert"（摇滚音乐会），"guitar"（吉他），"drums"（鼓），"crowd"（人群），"spotlights"（聚光灯）。如果正在筹备一场芭蕾舞表演，那么可能会选择"ballet"（芭蕾）、"dancer"（舞者）、"stage"（舞台）、"romantic"（浪漫）等词汇。用户甚至可以指定特定的色彩风格，比如"monochrome"（单色）、"vibrant"（鲜艳）、"pastel"（柔和）等，使得海报更加符合演出主题。

除了具体的演出元素，用户也可以在提示词中包含希望海报传达的感觉和氛围，比如"exciting"（激动人心）、"mysterious"（神秘）、"energetic"（充满活力）等。这样，Midjourney 将根据这些关键词，生成一张能够唤起人们对演出的期待和兴趣的海报。

运行如下提示词，将得到如图 7-8 所示的图像。

Prompt：concert poster for the band（The Birthday：1.2），rabbit，stuffed animal rabbit，a girl，(Gothic：1.3)，broken hearts，purple pink，and black theme，black silhouette art

提示词：乐队音乐会海报（生日：1.2），兔子，填充动物为兔子，一个女孩，(哥特式：1.3)，心碎，紫粉，黑色主题，黑色剪影艺术

图 7－8 乐队音乐会海报

运行如下提示词，将得到如图 7－9 所示的图像。

Prompt：sports game poster，center，shot poster of LeBron James dunking a basketball，photography，ArtStation

提示词：体育比赛海报，中心，勒布朗·詹姆斯扣篮的投篮海报，摄影效果，ArtStation

图7-9 体育比赛海报

应用27：设计节日海报

当我们为各种节日庆典做准备时，一张精美的节日海报可以达到非常重要的宣传效果。Midjourney是一款能够帮助用户创作独特节日海报的工具。

在Midjourney中，用户可以根据节日的性质和特点选择合适的关键词来生成海报。例如，如果正在筹备圣诞节活动，那么可以选择“Christmas”（圣诞）、“snowflakes”（雪花）、“Santa Claus”（圣诞老人）、“gifts”（礼物）等关键词。如果正在筹备一个万圣节派对，那么可能会选择“Halloween”（万圣节）、“pumpkins”（南瓜）、“witch”（女巫）、“haunted

house”（鬼屋）等关键词。

Midjourney 还可以根据用户的要求创作出不同风格的海报。如果希望圣诞节海报呈现出温馨、和谐的氛围，那么可以添加“cozy”（舒适）、“warm lights”（温暖的灯光）等关键词。如果想让万圣节海报更加惊悚，那么可以添加“spooky”（恐怖）、“dark”（黑暗）等关键词。

除了节日的主题元素外，用户还可以指定海报的设计风格，比如“minimalistic”（极简主义）、“vintage”（复古）、“cartoon”（卡通）等，以更好地吸引不同喜好的观众。

运行如下提示词，将得到如图 7－10 所示的图像。

Prompt：Father’s Day poster，the father plays with his son，vector illustration，full body，in the wild，in the style of 2D game art，warm color

提示词：父亲节海报，父亲与儿子在野外玩耍，矢量插图，全身肖像，以 2D 游戏艺术风格呈现，色调温暖

图 7－10　父亲节海报

运行如下提示词，将得到如图 7－11 所示的图像。

Prompt：Christmas poster，Santa Claus，snowflakes，gifts，warm lights，cartoon

提示词：圣诞节海报，圣诞老人，雪花，礼物，温暖的灯光，卡通风格

图 7－11　圣诞节海报

运行如下提示词，将得到如图 7－12 所示的图像。

Prompt：Chinese New Year poster，firecrackers，lanterns，fireworks，Chinese style

提示词：中国春节海报，爆竹，灯笼，烟花，中国风

图 7 - 12　中国春节海报

第 8 章/*Chapter Eight*

插画制作

插画是一种视觉艺术形式，通常以 2D 图像的形式呈现，用于解释、装饰或视觉化某个文本、概念或过程。插画可以是手绘的，也可以是数字创建的，常常出现在各种媒体（如图书、杂志、漫画、动画、影视、网站和广告等）中。

插画可以是纯粹的装饰，也可以用来提供信息或解释复杂的概念。在多数情况下，插画能帮助读者更好地理解文本内容。插画家可以使用各种样式和技术来创建他们的作品，如素描、水彩、油画、版画、数字艺术，甚至雕塑和摄影等。

例如，儿童图书通常含有丰富的插画，帮助孩子们理解故事的内容；科学书籍也可能包含插画，用来解释复杂的科学概念；漫画和动画则完全依赖插画来讲述故事。

从风格、主题到使用的媒介，插画的种类繁多。

（1）按照风格分类：包括现实主义插画，这种插画以逼真的图像和详细的纹理为特点；抽象插画，这种插画强调形状、颜色和线条而不是具象的对象；卡通风格的插画，这种插画通常使用夸张的人物表情和动作；其他风格，如流行艺术、立体主义等。

（2）按照主题分类：插画可以描绘各种各样的主题，如自然、人物、

动物、风景、城市、梦幻、科幻等。不同的主题会唤起不同的情感和反应，这也是插画艺术的魅力所在。

（3）按照媒介分类：可以是传统的媒介，如水彩、铅笔、墨水等，也可以是数字媒介，如矢量图形、3D 建模等。各种媒介都有其独特的视觉效果和表达方式。

不论是哪种类型的插画，都可以在 Midjourney 中找到适合的提示词进行创作。

插画制作的提示词结构如下：

插画类型＋主体＋构图方式＋风格＋其他

Midjourney 通常只会考虑前 60 个单词。对于插画来说，精准的提示词可以避免获得不符合预期的结果。因此，在描述插画类型和风格时，应尽可能具体和详细。建议尽量在第一个逗号之前就完成对所有插画类型和风格的描述。

关于提示词中的构图、角度、颜色、灯光、样式、颜色等内容，请参考前面章节的介绍。下面介绍不同类型的插画应用。

应用 28：制作科技风插画

科技风插画是一种以科技、未来主题为基础的艺术形式，常用于各种商业、广告、媒体中。这类插画通常具有现代化和数字化的特点，包括高科技元素，如机器人、虚拟现实、网络空间等。

1. 科技风插画的特点

（1）现代感。科技风插画通常具有很强的现代感，用于代表或象征科技和未来。

（2）细节丰富。这类作品通常具有复杂的细节，包括微观的电子元件、精致的机械结构等。

（3）色彩。通常使用冷色调（如蓝色、银色或灰色）来增强科技感。

（4）抽象元素。科技风插画常使用抽象几何形状，如线条、网格和点阵。

2. 科技风插画的提示词结构

科技风插画的提示词结构如下：

tech illustration＋内容描述

运行如下提示词，将得到如图8－1所示的图像。

Prompt：tech illustration，woman at desk surrounded by succulents，simple minimal，by Slack and Dropbox，in the style of Behance

提示词：科技风插画，一位女性坐在被多肉植物包围的办公桌旁，风格简约，Slack和Dropbox软件的风格，Behance网站的风格

图8－1　科技风插画

应用 29：制作水彩画插画

水彩画插画是一种广受欢迎的艺术形式，常见于儿童图书、商业广告、贺卡以及个人艺术作品。这种插画以其特有的透明质感、丰富的色彩和自由流动的笔触深受读者喜爱。

1. 水彩画插画的特点

（1）透明性与层次感。水彩画插画的一大特点是其独特的透明性和层次感，使作品具有深度和活力。

（2）色彩丰富。艺术家常使用多种色彩或混合颜色创造出丰富多样的视觉效果。

（3）自由与流动性。水彩画通常具有一种自由流动的质感，可以轻松模仿自然界的各种元素，如流水、飞云、落叶等。

（4）细腻与精致。通过使用不同粗细的画笔和不同浓淡的颜色，艺术家能够创造出非常细腻和精致的作品。

2. 水彩画插画的应用场景

（1）儿童图书：水彩画插画富有童趣和想象力，常用于儿童文学和教育图书。

（2）商业广告：常用于食品、化妆品、家居等产品的广告，以增加产品的美观度和吸引力。

（3）贺卡与邀请函：水彩画插画具有手绘和个性化的特点，常用于贺卡和邀请函的设计。

3. 水彩画插画的提示词结构

水彩画插画的提示词结构如下：

watercolor illustration＋内容描述

运行如下提示词，将得到如图 8－2 所示的图像。

Prompt：watercolor illustration，outside of a coffee shop，bright，white background，few details，dreamy，Studio Ghibli

提示词：水彩画插画，咖啡店外部景色，色彩鲜艳，白色背景，细节简单，梦幻，风格类似于吉卜力工作室

图 8－2　水彩画插画

应用 30：制作涂鸦插画

涂鸦插画是一种以简单、自由、随意和即兴的笔触为特点的艺术形式。这种插画风格过去常被看作无目的的或随意的涂抹，如今已经发展成为一种极富创意和表达力的艺术手段。

1. 涂鸦插画的特点

（1）自由与即兴。涂鸦插画通常是自由和即兴的，没有严格的规则或格式，这给艺术家带来了极大的创作自由。

（2）简单与直观。涂鸦插画通常比较简单和直观，容易让人理解和接受。

（3）个性化。每位艺术家的涂鸦风格都是独一无二的，充分展示了他们的个性和独特视角。

（4）多样性。涂鸦插画可以用于多种媒介和材料，包括纸张、墙壁、布料、电子设备等。

2. 涂鸦插画的应用场景

（1）街头艺术：涂鸦最初是街头文化的一部分，用于在公共空间进行自我表达。

（2）服装设计：涂鸦元素经常用于 T 恤、帽子、鞋等服装产品的设计。

（3）出版物与广告：因涂鸦风格富有活力和吸引力，其也常用于杂志、海报和广告设计。

（4）个人品牌：艺术家和设计师经常使用涂鸦来建立或强化他们的个人品牌。

3. 涂鸦插画的提示词结构

涂鸦插画的提示词结构如下：

graffiti illustration＋内容描述

运行如下提示词，将得到如图 8－3 所示的图像。

Prompt：graffiti illustration，a girl，multicolored drawing，multicolored hair，looking at camera，skinny，flat chest，neon sign，masterpiece，best quality

提示词：涂鸦插画，一位女孩，多彩的绘画，五颜六色的头发，直视镜头，身材苗条，平胸，霓虹灯招牌，杰作，最高品质

图 8－3　涂鸦插画

应用 31：制作素描插画

素描插画是用铅笔、炭笔或其他画材在纸或其他媒介上进行创作的艺术形式。素描插画可以是非常细致和精致的，也可以是简单、草图式的。它们可以用于各种不同的目的，包括教学、出版、广告或纯粹的艺术表达。

1. 素描插画的技术和风格

（1）线条素描。侧重于使用线条来定义形状和结构。

（2）阴影和明暗。通过灰度来增加深度和体积。

（3）色彩。素描虽然通常是黑白的，但也可以通过添加色彩来增强表现力。

（4）抽象与具象。素描插画可以是非常具体和具象的，也可以是抽象

和概念性的。

2. 素描插画的提示词结构

素描插画的提示词结构如下：

sketch illustration＋内容描述

运行如下提示词，将得到如图 8－4 所示的图像。

Prompt：sketch illustration，sketch of woman's torso，art reference sketch，pose reference sketch，sketch，outline sketch，outlined，anatomy reference sketch

提示词：素描插画，女性躯干素描，艺术参考素描，姿势参考素描，素描，轮廓素描，轮廓，解剖参考素描

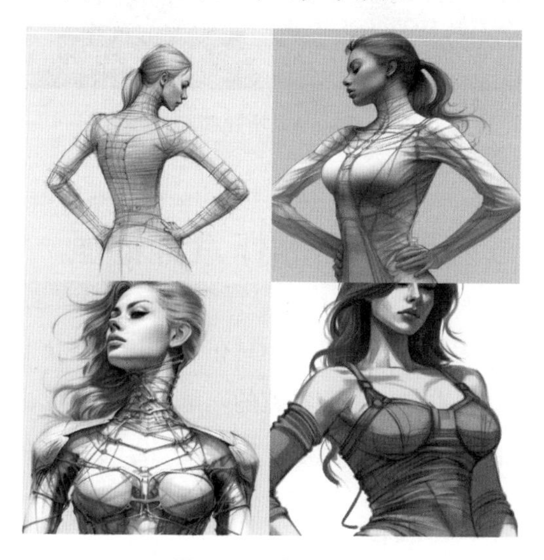

图 8－4　素描插画

应用 32：制作填色画

填色画是一种创意艺术形式，它是在插画中添加色彩以增强视觉效果

和表达。这种技术常用于儿童绘本、漫画、涂色书和其他视觉媒体，也可在数字平台上制作虚拟填色画。

填色画的提示词结构如下：

clean coloring book page+内容描述

运行如下提示词，将得到如图8-5所示的图像。

Prompt：clean coloring book page，tyrannosaurus，black and white

提示词：干净的彩色书页，暴龙，黑色和白色

图8-5 填色画

应用33：制作蜡笔画插画

蜡笔画插画是一种使用蜡笔制作图像的艺术形式，在媒介和技巧上都与传统的绘画有所不同。蜡笔画插画可以创造出鲜艳、生动和富有表现力的效果。

1. 蜡笔画插画的特点和应用场景

（1）鲜艳的色彩。蜡笔颜料具有鲜明的色彩，适合创作明亮和生动的图像。

（2）儿童艺术。蜡笔画是常用的儿童绘画艺术，适合开发儿童创意和艺术技能。

（3）教育和启发。在教育领域，蜡笔画可以用来教授颜色、形状等基本概念。

2. 蜡笔画插画的提示词结构

蜡笔画插画的提示词结构如下：

crayon illustration of＋内容描述

运行如下提示词，将得到如图 8－6 所示的图像。

Prompt：colorful crayon illustration of a happy Mona Lisa

提示词：快乐的蒙娜丽莎的彩色蜡笔画插画

图 8－6　蜡笔画插画

应用 34：制作美术插画

美术插画通过绘制图像来传达信息、表达情感或讲述故事。美术插画广泛应用于出版、广告、媒体和艺术创作领域，具有丰富的表现力和多样的风格。

1. 美术插画的特点和风格

（1）具有多样性的表现。美术插画的风格可以多种多样，如从写实到抽象，从卡通到油画风格。

（2）强调情感。美术插画通过线条、色彩和构图表达情感，使观众更容易与作品产生共鸣。

（3）叙述故事。美术插画常常用于叙述故事、强调概念或传达主题，具有讲述性质。

（4）具有视觉冲击力。美术插画通过鲜艳的色彩、独特的构图和细节来吸引观众。

（5）应用具有多样性。美术插画可应用于各种媒体，如图书、杂志、广告、海报、数字媒体等。

2. 美术插画的提示词结构

美术插画的提示词结构如下：

fine art illustration＋内容描述

运行如下提示词，将得到如图 8－7 所示的图像。

Prompt：fine art illustration，view of a beautiful sunset in the garden

提示词：美术插画，花园里美丽的日落景色

图 8-7　美术插画

应用 35：制作石墨插画

石墨插画是一种使用石墨材料创作图像的艺术形式。它以独特的灰度和质感效果为特点，产生富有深度和立体感的图像。

1. 石墨插画的特点和技术

（1）具有灰度表现力。石墨插画以不同的灰度值来表现深浅和明暗关

系，营造出丰富的立体感。

（2）具有质感和纹理。石墨可以创造出纹理、阴影和质感效果，使插画更加真实和引人入胜。

（3）具有层次和深度。石墨插画通过灰度的层次创造出景深和立体效果，使画面更具深度。

（4）抽象或写实。石墨插画可以是写实的，也可以是抽象的，具有丰富的表现形式。

（5）模糊或精细。通过模糊或精细的笔触，可以创造出不同的视觉效果。

2. 石墨插画的应用场景

（1）艺术创作：石墨插画可用于创作肖像、风景、静物等不同主题的艺术作品。

（2）插图和书籍：石墨插画可用于图书的插图，增加文本内容的视觉吸引力。

（3）画廊展览：石墨插画可作为独立的艺术形式在画廊展出，吸引观众欣赏。

（4）肖像和人物描绘：基于石墨的灰度范围，它常用于创作人物肖像和表情描绘。

3. 石墨插画的提示词结构

石墨插画的提示词结构如下：

graphite illustration＋内容描述

运行如下提示词，将得到如图 8－8 所示的图像。

Prompt：graphite illustration，simple，woman --quality 2 --s 750

提示词：石墨插画，简单，女人

图 8-8　石墨插画

应用 36：制作水滴画插画

水滴画插画是一种以水滴为主题或元素的艺术形式，通过绘制水滴的形状、光影和质感来传达情感、表达主题或创造视觉效果。

1. 水滴画插画的特点和技术

（1）具有光影效果。水滴画插画通常强调水滴表面的反射和折射效果以及由光线产生的明暗变化。

（2）具有透明质感。通过绘制水滴的透明度，描绘出水滴内部的景象，创造出逼真的质感。

（3）注意颜色和反射。绘制水滴时需要注意周围环境的颜色和物体的反射，以增加画面的真实感。

（4）注意构图和排列。水滴可以单独出现，也可以与其他元素组合构建出富有层次感的画面。

2. 水滴画插画的应用场景

（1）艺术创作：艺术家可以通过水滴画插画来探索光影效果、质感和绘画技巧。

（2）广告和商业插图：水滴画插画可以用于广告、宣传品和商业插图，增强视觉吸引力。

（3）抽象艺术：水滴可以成为抽象艺术的元素，引发观众的联想和想象。

3. 水滴画插画的提示词结构

水滴画插画的提示词结构如下：

dripping art＋内容描述

运行如下提示词，将得到如图 8－9 所示的图像。

Prompt：dripping art，gorgeous woman portrait

提示词：水滴画插画，华丽女人肖像

图 8－9　水滴画插画

应用 37：制作油画

油画是一种使用油性颜料绘制图像的艺术形式，以其丰富的色彩、质感和深度感而闻名，广泛用于创作肖像、风景、抽象作品等。

1. 油画的特点和技术

（1）具有丰富的色彩。油画颜料具有浓郁的色彩，可以创造出生动、饱满的画面效果。

（2）具有质感和厚重感。油画颜料的质地和油膏感使画面具有质感和厚重感。

（3）可以进行混合和过渡。由于颜料的慢干性，艺术家可以在画布上混合和过渡不同的颜色，创造出柔和的过渡效果。

（4）可以创造透明层次。使用不同透明度和厚度的颜料层可以创造出图像的深度和立体感。

（5）具有光影效果。油画擅长表现光线和阴影，可以创造出强烈的光影效果。

2. 油画的提示词结构

油画的提示词结构如下：

oil painting＋内容描述

运行如下提示词，将得到如图 8－10 所示的图像。

Prompt：oil painting，full body，beautiful，Hanfu，long black hair，shimmering silk，well，contours，photography，chiaroscuro，clean，8K

提示词：油画，全身像，美丽，汉服，长黑发，闪闪发光的丝绸，精细，轮廓清晰，摄影效果，明暗对比，干净，8K 分辨率

图 8－10　油画

应用 38：制作山水画

山水画是一种古老而充满韵味的绘画形式，以描绘山川河流的自然景观为主题，在世界艺术中具有重要地位。

1. 山水画的特点和技术

（1）富有意境和氛围。山水画注重表现自然景观的意境和氛围，通过艺术家的构思和创意来表达情感。

（2）强调境界和空间感。山水画强调画面中的前景、中景和远景，通过层次感创造出画面的深度和空间感。

（3）注重笔墨的运用。传统山水画常使用墨汁和水，通过不同的笔墨运用来表现山川的轮廓、纹理和质感。

（4）写意且抒情。山水画强调写意和抒情，艺术家可以通过留白、湿墨、干笔等技法来表现景物的特点和情感。

（5）注重色彩的运用。一些山水画也会使用彩色颜料来增加画面的鲜艳度，增强视觉效果。

2. 山水画的提示词结构

山水画的提示词结构如下：

Chinese landscape painting＋内容描述

运行如下提示词，将得到如图 8－11 所示的图像。

Prompt：Chinese landscape painting of mountains and water scenery, evoking a fairyland-like atmosphere --ar 16：9

提示词：中国山水画，唤起仙境般的氛围

图 8－11　山水画

应用 39：制作木刻画

木刻画是一种将图像刻在木块上，然后将刻有图案的木块印在纸张或其他媒介上的艺术形式，具有粗犷、质朴和坚实的特点，常用于描绘图案、肖像、风景等。

1. 木刻画的特点和技术

（1）注重线条表现。木刻画以线条为主要表现手段，通过线条的粗细和排列来描绘图像。

（2）具有纹理和质感。木刻画的图像可以表现出木块的纹理和质感，赋予作品特殊的触感。

（3）黑白对比。木刻画通常采用黑白颜色，强调明暗对比和形态的鲜明性。

（4）具有块状效果。图像被刻在木块上，因此具有块状的效果，常常以平面为主。

（5）手工制作。木刻画是一种手工制作的艺术形式，每件作品都是独一无二的。

2. 木刻画的提示词结构

木刻画的提示词结构如下：

woodcut＋内容描述

运行如下提示词，将得到如图 8－12 所示的图像。

Prompt：woodcut，birch forest

提示词：木刻画，白桦林

图 8－12　木刻画

应用 40：制作衍纸插画

衍纸插画也称为剪纸插画，是一种使用剪刀将图案从纸张上剪下，然后将剪下的图案贴在另一张背景纸上的艺术形式，具有精细的纹理、多层次的效果和丰富的视觉表现。

1. 衍纸插画的特点和技术

（1）需要剪纸技巧。衍纸插画需要熟练的剪纸技巧，艺术家需要精确地掌握剪刀，将图案从纸上剪下。

（2）具有多层次的效果。通过在不同的纸层上叠贴图案，衍纸插画可以创造出多层次的效果，增加画面的深度。

（3）具有纹理和质感。衍纸插画的图案常常具有细腻的纹理和质感，使作品赋予人们视觉和触感上的享受。

（4）依靠剪纸模板。艺术家可以根据自己的设计，先制作剪纸模板，然后依据模板剪纸。

2. 衍纸插画的提示词结构

衍纸插画的提示词结构如下：

paper quilling＋内容描述

运行如下提示词，将得到如图 8－13 所示的图像。

Prompt：paper quilling，paper illustration，symmetrical，tree with cross in center，one color，very detailed，8K

提示词：衍纸插画，纸质插画，对称，中心有十字架的树，单色，细节详细，8K 分辨率

图 8－13　衍纸插画

应用 41：制作剪纸工艺

剪纸工艺是一种将纸张剪成各种形状、图案和图像的手工艺术形式，通常使用剪刀或削刀等工具，将纸张剪成细致的形状以创造出各种视觉效果。

1. 剪纸工艺的特点和技术

（1）需要剪刀技巧。剪纸工艺需要熟练的剪刀技巧，艺术家必须精准地掌握剪刀才能创作出精美的剪纸作品。

（2）可创造多层次的效果。通过在不同的纸层上剪切，可以创造出多层次的效果，增加作品的立体感。

（3）线条表现力强。剪纸工艺的线条效果是由剪切的线条和形状组成的，艺术家可以通过线条的排列和组合来创造不同的图案。

（4）具有质感和纹理。剪纸作品常具有纸张的质感和纹理，这赋予了作品独特的视觉表现。

（5）创意设计多样化。艺术家可以根据自己的创意设计图案，创造出独特的剪纸作品。

2. 剪纸工艺的提示词结构

剪纸工艺的提示词结构如下：

paper cut art＋内容描述

运行如下提示词，将得到如图 8－14 所示的图像。

Prompt：paper cut art，paper illustration，night mountains，birds flying，two colors，very detailed，8K

提示词：剪纸工艺，纸质插画，夜晚的山脉，飞翔的鸟群，双色，细节丰富，8K 分辨率

图 8-14　剪纸工艺

应用 42：制作浮世绘

浮世绘是指在日本江户时代（1603—1868）所创作的一种木版画艺术形式，在日本艺术史上占有重要地位，以其独特的绘画风格和丰富多彩的题材闻名于世。

1. 浮世绘的特点和特色

（1）色彩鲜艳。浮世绘使用鲜艳的颜料创造出丰富多彩的画面，尤其以蓝色、红色和绿色为主。

（2）线条明快。浮世绘常使用清晰明快的线条，强调人物、景物的轮廓和动态。

（3）题材贴近日常生活。浮世绘描绘了日本江户时代人们的日常生活，包括风景、人物、娱乐活动等。

（4）构图优美。浮世绘注重构图的平衡和美感，通过排列和组合元素创造出和谐的画面。

（5）情感浪漫。浮世绘作品常常表达浪漫情感，展现了日本人民的情感和生活态度。

2. 浮世绘的主要流派

（1）歌川派（Utagawa）：歌川派是最重要的浮世绘流派之一，包括歌川广重、歌川国芳等大师。

（2）葛饰派（Katsushika）：葛饰派以葛饰北斋为代表，注重人物肖像的描绘。

（3）安藤派（Ando）：以安藤广重为代表，主要创作风景画和地图。

3. 浮世绘的提示词结构

浮世绘的提示词结构如下：

ukiyo-e＋内容描述

运行如下提示词，将得到如图 8－15 所示的图像。

Prompt：ukiyo-e portrait of a Japanese woman

提示词：浮世绘肖像，日本女人

图 8-15　浮世绘

应用 43：制作矢量插画

矢量插画是一种使用矢量图形来创建插画的艺术形式。与位图（像素）图像不同，矢量图形使用数学公式来描述图像中的形状、线条和颜色，因此图像可以无损放大或缩小，且不会丧失清晰度和质量。矢量插画在图形设计、插图、标志设计等领域具有广泛的应用。

1. 矢量插画的特点和优势

（1）无损缩放。矢量插画可以在任何尺寸下无损缩放，不会降低清晰度和损失细节。

（2）线条平滑。由于使用数学公式绘制，矢量插画的线条非常平滑，不会出现锯齿状边缘。

（3）文件尺寸小。相比位图图像，矢量插画的文件尺寸通常更小，适合在网络上共享和使用。

（4）可编辑。矢量插画可以随时编辑和修改，调整颜色、形状等参数。

（5）用途多。矢量插画可应用于不同媒介，从打印品到网页设计，且都能保持高质量。

2. 矢量插画的提示词结构

矢量插画的提示词结构如下：

vector illustration＋内容描述

运行如下提示词，将得到如图 8－16 所示的图像。

Prompt：vector illustration，beautiful sunset near beach，palm tree，vintage

提示词：矢量插画，海滩附近美丽的日落，棕榈树，复古

图 8－16 矢量插画

应用 44：制作 3D 插画

3D 插画是一种使用三维图形技术来创作插画的艺术形式，它在平面图像上模拟出立体感和逼真的效果。3D 插画通常在虚拟环境中创建，可用于各种媒介，如印刷品、数字媒体、动画等。

1. 3D 插画的特点和优势

（1）具有立体感。3D 插画能够呈现立体的效果，增强图像的逼真感和观赏性。

（2）光影效果逼真。通过光照和阴影，3D 插画可以创造出逼真的光影效果。

（3）多视角呈现。与传统的平面插画不同，3D 插画可以从不同角度呈现同一个场景。

（4）材质和纹理可变。艺术家可以为 3D 模型添加不同的材质和纹理，增加视觉的丰富性。

（5）交互性。在数字媒体中，观众可以通过交互来改变视角，以探索 3D 插画的细节。

2. 3D 插画的提示词结构

3D 插画的提示词结构如下：

3D illustration＋内容描述

运行如下提示词，将得到如图 8－17 所示的图像。

Prompt：3D illustration，isometric anime ice cream stand with an old woman

提示词：3D 插画，老妇人的等距动漫冰淇淋摊位

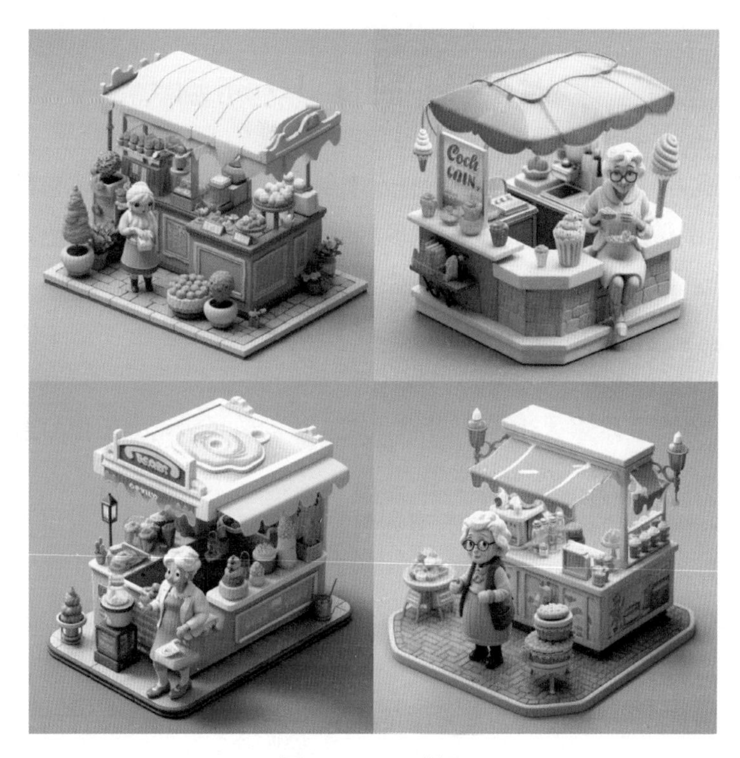

图 8-17　3D 插画

应用 45：制作等距插画

等距插画是一种特殊的绘画风格，其特点是将物体以等比例缩放的方式绘制，呈现出立体感和逼真感。与传统的透视绘画不同，等距插画采用等距投影，使物体的各个部分在绘图中保持相等的距离，从而创造出独特的视觉效果。

1. 等距插画的特点和优势

（1）具有立体感。等距插画通过等比例的绘制呈现出立体感，让物体在平面上具有逼真的外观。

（2）简化复杂性。相比透视绘画，等距插画更容易绘制，因为它不需要复杂的透视计算。

（3）具有图形化的效果。等距插画的平面外观使其更适用于图形、图表和技术绘图等领域。

（4）清晰可见。等距插画的绘制方式使物体的各个部分都清晰可见，没有遮挡或变形。

2. 等距插画的应用场景

（1）工程图绘制：等距插画常用于绘制工程图、建筑图等，以清晰呈现物体的构造和细节。

（2）技术插图：在科学、技术和工程领域，等距插画可用于制作技术说明和示意图。

（3）游戏和动画：在游戏开发和动画制作中，等距插画可以创造独特的视觉效果。

（4）图表和图形：等距插画可用于绘制图表、图形和技术示意图，使其更易于理解。

3. 等距插画的提示词结构

等距插画的提示词结构如下：

isometric illustration＋内容描述

运行如下提示词，将得到如图8-18所示的图像。

Prompt：isometric illustration of people sitting around in a meeting at office，in the style of light orange，sky-blue and dark navy，grid-like structures，future tech，figurative work，white background

提示词：等距插画，人们坐在办公室里开会，浅橙色、天蓝色和深海军蓝色风格，网格状结构，未来科技感，具象作品，白色背景

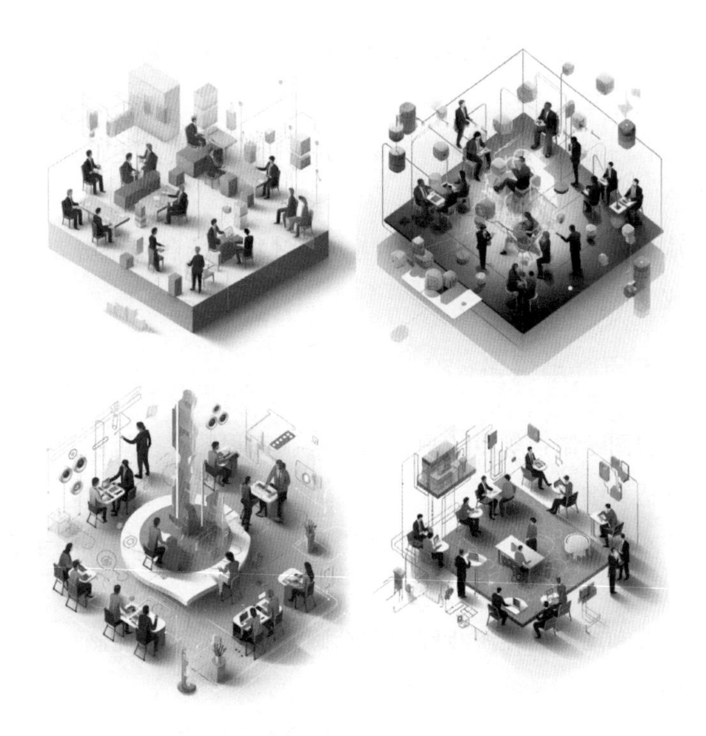

图 8－18　等距插画

应用 46：制作故事书插画

故事书插画是在绘本、儿童书籍和故事书中使用的插画，用于为故事情节和角色增添视觉元素，使故事更加生动有趣。这些插画通常与文本内容相结合，为读者提供更丰富的阅读体验。

故事书插画的提示词结构如下：

storybook illustration＋内容描述

运行如下提示词，将得到如图 8－19 所示的图像。

Prompt：storybook illustration，a group of people riding on the backs of horses，Pixiv contest winner，fantasy art，official art，concept art

提示词：故事书插画，一群人骑在马背上，Pixiv竞赛的获胜作品，幻想艺术，官方艺术，概念艺术

图8-19　故事书插画

第 9 章/*Chapter Nine*

美容美发

Midjourney 打破了传统的美妆、发型、美甲和文身设计的界限，为用户提供了一个无限创意的美容美发平台。

Midjourney 可以依据上传的个人照片进行妆容设计，通过其丰富的化妆特效库，用户可以自由调整眼影、口红、腮红等各种化妆品的色彩、光泽和质地。它还内置了众多知名化妆品牌的产品色卡，可以让用户轻松实现个人妆效。

在发型设计方面，Midjourney 提供了高度自由的发型设计功能，无论想尝试的是哪种长度、颜色或者发型，都可以轻松实现。它能模拟各种发质和发色，让发型设计变得简单。

Midjourney 的美甲设计功能提供了大量美甲模板，用户可以选择各种颜色和图案，甚至在指甲上加入小巧的饰品，完全根据自己的想象进行创作。

此外，Midjourney 的文身设计功能则允许用户为自己或他人设计独一无二的文身图案。它提供了各种不同风格和主题的文身图案，模拟文身在皮肤上的效果，让用户在决定文身前就能预见到最后的效果。

应用 47：妆容设计

妆容设计是塑造个人形象的重要手段之一，根据妆容的浓淡效果，大致分为淡妆（light makeup）和浓妆（heavy makeup）两大类。

淡妆通常是日常生活中的首选，它强调的是自然、清新的感觉。这种类型的妆容再细分，就可分为工作妆（work makeup）、日常妆（daily makeup）、旅游妆（travel makeup）等。工作妆侧重于展现专业、干练的职场形象；日常妆注重舒适自然；旅游妆则适用于旅行，注重防晒和持久度，简单自然。

与淡妆相比，浓妆更具视觉冲击力，颜色、线条更为明显，更能够凸显妆者的气质和个性。这类妆容包括晚宴妆（dinner party makeup）、舞会妆（ball makeup）、舞台妆（stage makeup）等，每种都有其特定的场合和目的，例如，晚宴妆可以增加神秘感和魅力，舞会妆可以凸显优雅，舞台妆则需要夸张一些，以配合舞台灯光和远距离观众的视角。

此外，还有针对特殊事件和个性化需求的新娘妆（bridal makeup）和个性妆（personalized makeup）。新娘妆将新娘的美丽、幸福和期待完美展现，而个性妆则依照个人的特征和喜好，创造出最能代表自己的独特形象。

对于不同场合和风格的需求，我们还可以将妆容细分为生活妆（lifestyle makeup）、生活晚妆（evening lifestyle makeup）、简约透明妆（minimal transparent makeup）、浪漫妆（romantic makeup）、优雅妆（elegant makeup）、少年妆（youthful makeup）、自然妆（natural makeup）等类型。这些妆容都有各自的特点和适用场景，用户可以根据自己的需要选择最适合的妆容。

用户利用 Midjourney 可以对照片虚拟化妆，随时随地尝试不同的妆容和风格。无论是日常妆容还是为了特殊场合的精心打扮，Midjourney 都能

提供专业、便捷的解决方案。

除了上述词汇外，还有其他一些常用的与化妆有关的中英文词汇：美白（whitening）、日霜（day cream）、晚霜（night cream）、眼霜（eye gel）、彩妆（cosmetics）、眼影（eye-shadow）、睫毛膏（mascara）、唇膏（lip color/lipstick）、唇线笔（lip pencil）、唇彩（lip gloss/lip color）、腮红（blush）等。

利用 Midjourney 化妆的步骤如下：

（1）上传个人照片。

（2）编写化妆提示词。

提示词结构如下：

照片地址＋化妆有关英文词汇＋ --iw 2

（3）生成妆容效果图。

下面使用如图 9－1 所示的 AI 生成的美女照片进行演示。

图 9－1　AI 生成的美女照片

（1）将照片上传到 Midjourney，生成的图像地址如下：

https://cdn.discordapp.com/attachments/1133896124055441488/1135592731222216834/13d2e4121472b454.webp

（2）编写提示词，比如“red lipstick”（涂红色口红）的提示词如下：

Prompt：https://cdn.discordapp.com/attachments/1133896124055441488/1135592731222216834/13d2e4121472b454.webp red lipstick --iw 2

其中，参数 iw 2 是为了保持照片不变异。

（3）生成新照片，如图 9-2 所示。

图 9-2 涂红色口红的美女照片

为该美女画上眼影，如图 9-3 所示。

为该美女化明亮妆（bright makeup），如图 9-4 所示。

图 9-3　眼影妆美女照片

图 9-4　明亮妆美女照片

应用48：发型设计

在Midjourney中，用户可以轻松尝试和定义各种不同的发型，以下是Midjourney发型设计功能的一些亮点。

（1）多样化的发型选择：Midjourney提供了一系列流行和经典的发型，比如甜美的初恋头、浪漫的法式卷、干净利落的短发、波浪般的长卷发等。无论追求甜美可爱的风格还是成熟稳重的风格，都能在Midjourney中找到适合的发型。

（2）自由定制长度与形状：用户可以根据自己的喜好和需要调整头发的长度和形状，长短直卷都可以自由定义，无论是齐肩的时尚发型还是齐腰的古典美发，都能轻松实现。

（3）发色和纹理选择：除了发型和长度，用户还可以选择不同的发色和纹理。Midjourney提供了丰富的颜色选项，从自然的黑发、棕发到鲜艳的红发、蓝发，都可以尽情选择。纹理方面也可以选择光滑直发、蓬松卷发等。

（4）适合不同场合的发型：无论是日常出行、工作办公，还是参加派对、婚礼，Midjourney都有适合的发型。通过调整长度、形状和颜色，可以为不同场合创建完美的发型。

（5）实时预览和调整：Midjourney提供了实时预览功能，用户可以在调整发型的过程中立即看到效果。这样就可以不断试验和修改，直到选择出最满意的发型。

（6）和妆容、服装搭配：发型可以是孤立的，也可以与妆容和服装设计功能相结合以创建完美的形象。用户可以根据服装的风格和妆容的效果选择合适的发型，打造协调统一的形象。

常用的发型设计基础词汇如下：

（1）直发 / straight hair

（2）卷发 / curly hair

（3）长发 / long hair

（4）短发 / short hair

（5）发型 / hairstyle

以下是 20 组在中国流行的女性减龄发型的中英文对照：

（1）初恋头 / first love hairstyle

（2）法式浪漫卷 / French romantic curls

（3）甜美短波波头 / sweet short bob haircut

（4）齐耳短发 / ear-level short hair

（5）空气刘海 / air bangs

（6）齐肩直发 / shoulder-length straight hair

（7）自然波浪卷 / natural wavy curls

（8）翘尾马尾辫 / flippy tail ponytail

（9）双丸子头 / double bun hairdo

（10）可爱辫子发型 / cute braided hairstyle

（11）精致脏辫 / chic messy braid

（12）优雅低马尾 / elegant low ponytail

（13）俏皮短卷发 / playful short curly hair

（14）清爽马尾辫 / refreshing ponytail braid

（15）甜美蓬松卷 / sweet fluffy curls

（16）慵懒中分 / lazy middle part

（17）动人微卷 / touching slight curls

（18）公主头 / princess hairstyle

（19）俏皮短直发 / playful short straight hair

（20）清纯编发 / innocent braided hair

这些发型在中国女性中非常受欢迎，因为它们既体现了女性的优雅气质，又能在视觉上起到减龄的效果。无论是日常生活还是特殊场合，这些

发型都是不错的选择。

以下是 10 组在中国流行的男性发型的中英文对照：

（1）时尚短发 / trendy short haircut

（2）英俊刘海 / handsome bangs haircut

（3）自然卷发 / natural curly hair

（4）酷炫蓬松发 / cool fluffy hair

（5）大背头 / slicked-back hairstyle

（6）成熟绅士中分 / mature gentleman's middle part

（7）运动型平头 / sporty crew cut

（8）随性散发 / casual messy hair

（9）浪漫波浪卷 / romantic wavy hair

（10）时尚锡纸烫 / fashionable foil perm

这些发型在中国男性中非常流行，因为它们反映了不同的个性和风格。从成熟稳重到年轻活力，这些发型可以满足不同男性的审美和个性需求。

运行如下提示词，将得到如图 9－5 所示的图像。

Prompt：first love hairstyle，straight hair，black and short，3D rendering of a gentle，charming，graceful，anime girl，smiling，shoulder shot，fair skin with freckle texture，front，displacement map，skin with freckle，Ghibli

提示词：初恋发型，直发，黑色短发，3D 渲染的一位温柔、迷人、优雅的动漫女孩，微笑，肩部镜头，肤色白皙并带有雀斑质感，面部正视，位移图，带有雀斑的皮肤，吉卜力风格

运行如下提示词，将得到如图 9－6 所示的图像。

Prompt：long retro Hong Kong curly hairstyle，3D rendering of a gentle，charming，graceful，anime girl，smiling，front view，shoulder shot，displacement map，fair skin

图 9-5 女生初恋发型

提示词： 长款复古港风卷发，3D 渲染的一位温柔、迷人、优雅的动漫女孩，微笑，正视，肩部镜头，位移图，白皙的皮肤

图 9-6 长款复古港风卷发

运行如下提示词，将得到如图 9 - 7 所示的图像。

Prompt：trendy short haircut，a young and fashionable Korean boy

提示词：时尚短发，年轻时尚的韩国男孩

图 9 - 7　男士时尚短发

应用 49：美甲设计

无论是专业美甲师还是美甲爱好者，都可以借助 Midjourney 的美甲设计功能来实现个性化和专业化的美甲设计。

美甲设计的核心关键词为 nail art（美甲艺术）。

美甲设计的提示词结构如下：

nail art＋主题＋指甲形状＋颜色＋镶嵌物＋质感＋美甲形容词修饰词＋图像清晰度、摄影角度修饰词

运行如下提示词，将得到如图 9 - 8 所示的图像。

Prompt：nail art，romantic love，squared，peach pink，jewel，shiny，gentle，clear lines，hologram，8K，soft

提示词：美甲设计，浪漫之爱，方形，桃粉色，珠宝，闪亮，温柔，线条清晰，全息图，8K 分辨率，柔和

图 9-8　浪漫之爱美甲

运行如下提示词，将得到如图 9-9 所示的图像。

Prompt：nail art，sunflower，oval，light tone，gemstone，shiny，hologram，beautiful soft light，bright，thick lines，soothing，soft，8K

提示词：美甲设计，向日葵，椭圆形，浅色调，宝石光泽，闪亮，全息图，美丽柔和的光线，明亮，粗线条，舒缓，柔和，8K 分辨率

在美甲设计中，主题可涵盖各种内容，具体到特定主题如水果（fruits）时，还可以是某一特定水果，例如桃子（peach）、草莓（straw-

图9-9 向日葵美甲

berry)、苹果（apple）等。

指甲形状可以包括方形（square）、圆形（round）、椭圆形（oval）、杏仁（almond）、棺形（coffin）、尖形（stiletto）、长尖（long pointed）、口红（lipstick）等。颜色选择则取决于个人喜好和审美，可以选择特定颜色或是深色调（deep）与浅色调（light）等，如深紫（deep purple）、浅绿（light green）、嫩粉（tender pink）、柠檬黄（lemon yellow）等。

镶嵌物的选择也可以多样化，但越简单越好，不要太复杂。推荐的关键词包括亮片（glitter）、花朵（flowers）、蝴蝶（butterflies）、海洋生物（marine life）、蕾丝（lace）、雪花（snowflakes）、珠串（beads）、金属钉（metal studs）、彩带（ribbons）、珍珠（pearls）、金箔（gold foil）、蝉翼（cicada wings）、叶子（leaves）、云朵（clouds）、烟花（fireworks）、爱心（hearts）、月亮（moon）、星星（stars）等。

质感方面也有许多选择，例如水晶质感（crystal）、金属质感（metallic）、油润质感（slick）、运动质感（sporty）、磨砂质感（matte）、绒面质感（velvet）、透明质感（transparent）、金属丝质感（metal wire）、冰冷质感（icy）、珠光质感（pearlescent）、雾面质感（mist）、金属网格质感（metal mesh）、珍珠质感（pearl）、螺旋纹质感（spiral）、雪花质感（snowflake）、磨砂石质感（sandstone）、琉璃质感（glass）、珠宝质感（jewel）等。

形容词方面可以选择雅致（exquisite）、艺术（artistic）、优雅（elegant）、简约（minimalist）、时尚（fashionable）、神秘（mysterious）、独特（unique）、浪漫（romantic）、完美（perfect）、色彩斑斓（colorful）、醒目（eye-catching）、美丽（beautiful）、素雅（simple and elegant）、大胆（bold）、活泼（lively）、清新（fresh）、娇艳（gorgeous）、温暖（warm）、悠闲（leisurely）、时尚前卫（avant-garde）、优美（graceful）、美好（lovely）、丰富多彩（rich and colorful）、高贵（noble）、可爱（cute）等。还可以加入时尚品牌元素（如 Chanel、Armani、Hermes 等），增加时尚感。

在美甲设计时，并非必须添加所有关键词，可以根据个人创意和需求有选择地添加其中几种，关键在于整体搭配要协调。生成图像时可能会出现奇怪的手指情况，所以可能需要多次尝试。

应用 50：文身设计

文身，俗称刺青，在古代文言文中称为涅。这一艺术形式将理想中的画面刻画在人们的皮肤上，将生命中的某一刻定格为永恒，留住那些珍贵的记忆，转化为人生中最美丽的图画。与一些人对文身的刻板印象不同，文身并不是坏人的专属标记。无论选择的图案是文字还是图画，文身都是一种个人表达的方式，是为了取悦自己和他人的独特艺术。

有人赞誉文身为美丽、神秘、性感和魅力的象征，也有人认为它是独特个性和自我风采淋漓尽致的体现。更进一步说，文身也可能是个人信仰和精神追求的展现。无论文身在身体的哪个部位，它都能反映一个人的内心世界，成为肌肤下灵魂的写照。

文身设计的提示词结构如下：

tattoo design＋各种风格或图案

运行如下提示词，将得到如图9－10所示的图像。

Prompt：tattoo design，a rose

提示词：玫瑰花文身

图9－10　玫瑰花文身

运行如下提示词，将得到如图9－11所示的图像。

Prompt：tattoo design，a watercolor bird

提示词：水彩画“鸟”文身

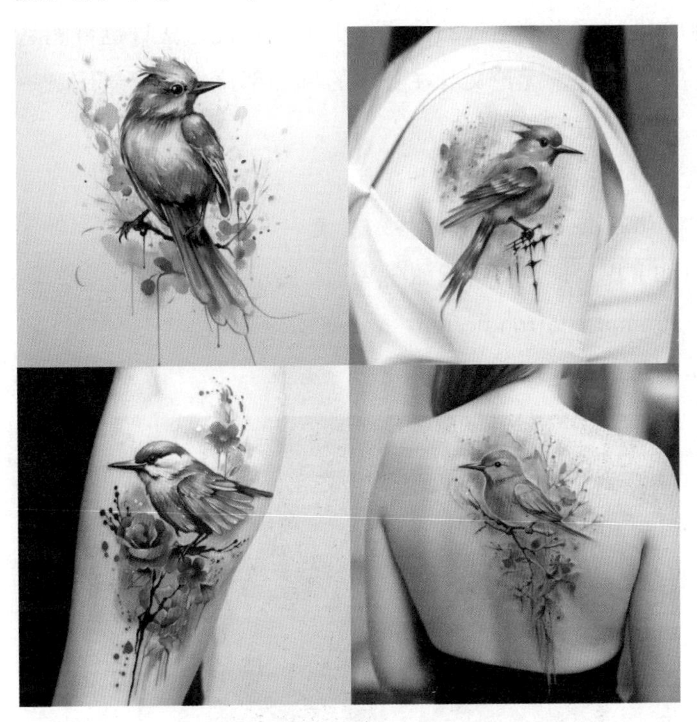

图 9-11　水彩画“鸟”文身

第 10 章/*Chapter Ten*

珠宝设计

Midjourney 可以帮助珠宝设计师快速创建和编辑逼真的 3D 珠宝模型，赋予设计过程前所未有的便捷和灵活性。

通过 Midjourney，设计师可以选择不同的材质、颜色和质地，打造出充满细节和个性的珠宝设计。Midjourney 还包括各种现成的模板和元素，比如各种不同风格的宝石切割、镶嵌技艺、链条设计等，让设计师能够快速启动项目，也可深度定制以符合特定的客户需求。

珠宝的类型繁多，它们各具特色和用途。以下是一些常见的珠宝类型以及它们的中英文名称。

（1）戒指（rings）：戴在手指上的装饰品，常用于订婚或结婚等场合。

（2）项链（necklaces）：戴在脖子上的链条或串珠，可以搭配各种服装。

（3）手镯（bracelets）：戴在手腕上的装饰品，可用各种材料制作。

（4）耳环（earrings）：挂在耳朵上的饰品，形状和风格多样。

（5）胸针（brooches）：用来装饰衣物的别针或针式饰品。

（6）吊坠（pendants）：悬挂在项链或手链上的装饰物。

（7）脚链（anklets）：戴在脚踝上的链条或串珠。

（8）头饰（hair accessories）：用于装饰头发的饰品，如发夹、发带等。

（9）鼻环（nose rings）：戴在鼻子上的装饰环。

（10）耳钉（studs）：一种紧贴耳朵的小饰品。

这些珠宝类型涵盖了身体各个部位的饰品，可以根据场合、服装和个人喜好进行搭配，展现个人风格和品味。不同的珠宝类型还可以通过材质、颜色、设计等元素进行个性化定制，以满足不同消费者的需求。

使用 Midjourney 进行不同类型的珠宝设计时，需要遵循以下提示词结构：

jewelry design＋珠宝类型＋形状＋材质＋颜色＋切工＋克拉数＋设计风格＋纹理＋镶嵌方式＋主题＋剪影＋科技元素＋时尚元素

以下是关于珠宝设计各个方面更详细的描述。

（1）形状（shape）。形状是珠宝设计的核心元素，可以描述珠宝的基本轮廓。常见的形状包括圆形（round）、方形（square）、心形（heart）、椭圆形（oval）等。每种形状都有其特定的符号和感觉，例如，心形通常与爱情和浪漫相联系。

（2）材质（material）。材质指的是用来制造珠宝的物质。常见的材质有钻石（diamond）、黄金（gold）、白金（platinum）、银（silver）等。每种材质都有其特定的重量、光泽和价值，可以增加珠宝的豪华感或简约感。

（3）颜色（color）。颜色可以描述珠宝的外观色彩，例如红色（red）通常代表热情，蓝色（blue）代表宁静，绿色（green）代表生机，黄色（yellow）代表活力。颜色的选择会影响珠宝的整体视觉效果和情感表达。

（4）切工（cut）。切工描述了珠宝（特别是宝石）切割的质量。完美切工（perfect cut）、良好切工（good cut）、一般切工（fair cut）等都会影响宝石的闪耀度和视觉吸引力。

（5）克拉数（carat weight）。克拉数是衡量珠宝（特别是宝石）重量的单位。如 1 克拉（1 carat）、2 克拉（2 carats）等。克拉数越大，珠宝通常越引人注目和有价值。

（6）设计风格（design style）。设计风格描述了珠宝的整体外观和感觉。古典（classic）、现代（modern）、简约（minimalistic）、浪漫（romantic）等风格可以表现出设计师的审美和目标消费群体的品味。

（7）纹理（texture）。纹理描述了珠宝表面的物理感觉和外观，如拉丝（brushed）、抛光（polished）、雕刻（engraved）等。不同的纹理可以增加珠宝的复杂性，增强人们的视觉兴趣。

（8）镶嵌方式（setting style）。镶嵌方式是将宝石固定在金属上的技术。常见的有爪镶（prong setting）、包镶（bezel setting）、轨道镶（channel setting）等。不同的镶嵌方式会影响珠宝的安全性和美观。

（9）主题（theme）。主题可以描述珠宝的象征和意义，如爱情（love）、友谊（friendship）、纪念（commemorative）等。主题可以赋予珠宝更深的情感价值和个人联系。

（10）剪影（silhouette）。剪影描述了珠宝的轮廓设计，如心形剪影（heart silhouette）、星形剪影（star silhouette）、月牙形剪影（crescent silhouette）等。剪影设计增加了珠宝的动态视觉和表达力。

（11）科技元素（tech elements）。科技元素（如智能感应（smart sensing）、光电显示（optoelectronic display）等）将现代科技与传统珠宝相融合，创造出了具有创新性和功能性的产品。

（12）时尚元素（fashion elements）。时尚元素（如流行元素（trendy elements）、潮流元素（fashionable elements）等）体现了珠宝与当前流行文化的联系，让珠宝更具时尚感，更符合现代美学。

总的来说，这些方面共同构成了珠宝设计的复杂性和多样性。通过精心选择和组合这些元素，设计师可以创造出既富有美感又富有意义的珠宝作品。

应用 51：戒指设计

戒指不仅是一种美丽的装饰品，而且经常作为感情、承诺和身份的象

征。以下是一些常见戒指类型的简要介绍。

（1）订婚戒指（engagement ring）：订婚戒指通常由精致的钻石或其他宝石镶嵌而成，象征着永恒的爱情和承诺。一般情况下，男方在求婚时赠送给女方。

（2）结婚戒指（wedding ring）：结婚戒指通常更加简约，可以由黄金、白金或银制成，代表夫妻之间的忠诚和连结。

（3）纪念戒指（anniversary ring）：纪念戒指用于庆祝重要的纪念日（如结婚周年等），通常会有精致的设计和特殊的符号。

（4）时尚戒指（fashion ring）：这类戒指追求流行趋势和个人风格，可以由各种材质和形状组成，反映佩戴者的个性和时尚感。

（5）友谊戒指（friendship ring）：这类戒指通常在好友之间赠送以作为友谊的象征，可能包括代表友谊的特定图案或雕刻。

（6）鸽子血戒指（pigeon's blood ring）：这是一种特殊的红宝石戒指，因其红色鲜艳、纯净、像鸽子血一样而得名，非常珍贵。

（7）出生石戒指（birthstone ring）：出生石戒指上的宝石代表了佩戴者的出生月份，被认为可以带来好运和给予保护。

（8）毕业戒指（graduation ring）：毕业戒指作为学业完成的纪念，常包括学校的标志、毕业年份等象征元素。

（9）鸡尾酒戒指（cocktail ring）：这类戒指通常较大且引人注目，常用于晚宴和特殊场合，展现佩戴者的华丽与优雅。

（10）情侣戒指（promise rings）：情侣戒指象征着情侣之间的承诺，可能包括彼此的名字、特殊日期等浪漫元素。

这些类型的戒指反映了不同的文化、情感和个人风格，成为人们在特殊场合或日常生活中展现自己的重要配饰之一。

运行如下提示词，将得到如图 10-1 所示的图像。

Prompt：pigeon's blood ring，diamond，platinum

提示词：鸽子血戒指，钻石，白金

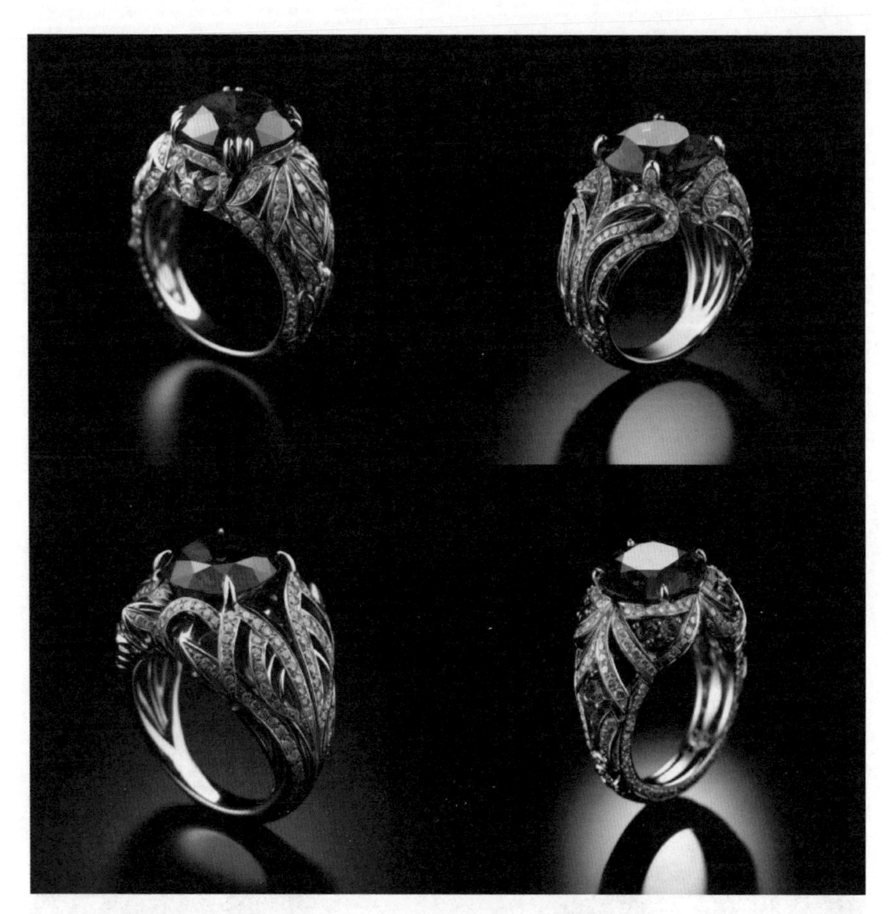

图 10-1 鸽子血钻石白金戒指

运行如下提示词，将得到如图 10-2 所示的图像。

Prompt：jewelry design，sakura-themed ring，gemstones and diamonds，luxury，close-up，product view，trending on ArtStation，CGSociety，ultra quality，digital art，exquisite hyper details，4K，soft illumination，dreamy，fashion，rendering by unreal engine

提示词：珠宝设计，樱花主题戒指，宝石和钻石，奢华，特写，产品视角，在 ArtStation、CGSociety 平台上流行，超高质量，数字艺术，精致的超丰富的细节，4K 分辨率，柔和照明，梦幻，时尚，

由虚幻引擎渲染

图 10－2 樱花主题戒指

运行如下提示词，将得到如图 10－3 所示的图像。

Prompt：jewelry design，ring，gemstones blue and diamonds white，luxury，close-up，product view，ultra quality，digital art，exquisite hyper details，4K，soft illumination，dreamy，fashion，rendering by unreal engine

提示词：珠宝设计，戒指，蓝色宝石和白色钻石，奢华，特写，产品视角，超高质量，数字艺术，精致的超丰富的细节，4K 分辨率，

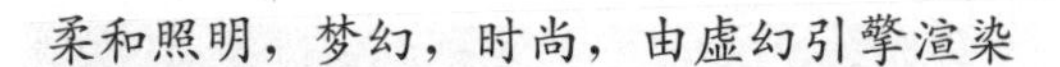
柔和照明，梦幻，时尚，由虚幻引擎渲染

图 10－3　蓝宝石戒指

运行如下提示词，将得到如图 10－4 所示的图像。

Prompt：jewelry design，ring，red gemstone heart shape，gemstones and diamonds，luxury，close-up，product view，ultra quality，digital art，exquisite hyper details，4K，soft illumination，dreamy，fashion，rendering by unreal engine

提示词：珠宝设计，戒指，红色心形宝石，宝石和钻石，奢华，特写，产品视角，超高质量，数字艺术，精致的超丰富的细节，4K 分辨率，柔和照明，梦幻，时尚，由虚幻引擎渲染

图 10-4 红宝石戒指

应用 52：项链设计

项链是一种流行的首饰，通常由各种材料（如金属、珠子、宝石和玻璃）制成，可以环绕颈部佩戴。项链的设计和款式多种多样，可以适用于不同的场合，适合各种个人风格。

以下是项链的一些主要分类。

(1) 金属项链（metal chains）：这种项链主要由金、银、铂金等金属制成，设计简单大方，适合日常佩戴。

(2) 珠串项链 (beaded necklaces): 由各种珠子串联而成，颜色和形状多样，给人轻松活泼的感觉。

(3) 宝石项链 (gemstone necklaces): 镶嵌各种宝石，如钻石、红宝石、蓝宝石等，光彩夺目，常用于正式场合。

(4) 珍珠项链 (pearl necklaces): 由珍珠组成，给人优雅高贵的感觉，常用于商务或正式场合。

(5) 锁骨链 (chokers): 紧贴颈部的短项链，强调颈部线条，适合搭配低领服装。

(6) 吊坠项链 (pendant necklaces): 以一个吊坠为主体，简约或精致，适合各种场合。

(7) 多层项链 (layered necklaces): 由多条不同长度的项链叠加而成，增加立体感和层次感。

(8) 主题项链 (themed necklaces): 围绕特定主题设计，如爱情、宗教、文化等。

(9) 智能项链 (smart necklaces): 集成了现代科技，如健康数据追踪、蓝牙连接等。

(10) 手工艺项链 (handcrafted necklaces): 由手工艺人精心制作，每一件都是独一无二的艺术品。

项链不仅是美丽的装饰，而且能反映一个人的品味、地位和性格。在选择项链时，应考虑佩戴场合、服装搭配以及个人喜好。无论是简单的金属项链还是精致的宝石项链，都有各自的魅力和表现力。

运行如下提示词，将得到如图 10-5 所示的图像。

Prompt: jewelry design, a delicate elvish moonstone necklace, silver long chain, 8K Octane Render, high-definition photography, product photography

提示词: 珠宝设计，精致的精灵月石项链，银色长链，8K Octane Render 渲染，高清摄影，产品摄影

图 10-5　月石项链

运行如下提示词，将得到如图 10-6 所示的图像。

Prompt：jewelry design，strand of 56 emperor green jade stones，each approximately 2cm in size，with silver metal and small diamond embellishments at 14 intervals displayed on a model prop around the neck，aura，commercial photography，effects

提示词：珠宝设计，由 56 颗帝王绿的玉石串成的项链，每颗玉石约 2 厘米大，配以银质金属和小钻石装饰，共 14 个间隔点，展示在模特的颈部道具上，氛围，商业摄影，效果

图 10－6　帝王绿项链

应用 53：手镯（手链）设计

手镯是一种佩戴在手腕上的装饰品，不仅可以凸显个人魅力，而且能反映个人的品味和身份。手镯的种类繁多，根据材质、风格、用途等因素，可将手镯大致分为以下几类。

（1）金属手镯（metal bracelets）。

1）黄金手镯（gold bracelets）：财富和身份的象征，受到许多人的喜爱。

2）白金手镯（white gold bracelets）：优雅时尚，常用于现代设计。

3）银手镯（silver bracelets）：相对便宜，款式多样，适合年轻人佩戴。

（2）珠宝手镯（gemstone bracelets）。

1）钻石手镯（diamond bracelets）：象征永恒和纯洁，常用于订婚或结婚场合。

2）宝石手镯（precious stone bracelets）：镶嵌红宝石、蓝宝石、祖母绿等贵重宝石。

（3）皮革手镯（leather bracelets）：以休闲或另类风格为主，受到年轻一代的欢迎。

（4）珠串手镯（beaded bracelets）：由各种珠子组成，款式新颖，色彩丰富。

（5）手工艺手镯（handcrafted bracelets）：通过各种手工技艺（如编织、刺绣等）制作而成，具有独特的民族和地域特色。

（6）智能手镯（smart bracelets）：集成了各种智能功能，如计步、心率监测等，适合运动、科技爱好者。

（7）主题手镯（themed bracelets）：具有特定的寓意和情感价值，如友谊手镯、情侣手镯等。

手镯作为一种普遍的饰品，适合不同年龄、性别的人在不同场合佩戴。不同类型的手镯可以反映佩戴者的个性、兴趣和生活态度，是时尚潮流中不可或缺的元素。

运行如下提示词，将得到如图 10－7 所示的图像。

Prompt：jewelry design，hemp string blue crystal balls and white pearl clear crystal balls bracelet，there is a shining universe inside the blue ball，Octane hyperrealism photorealistic，4K，vivid ultra detailed，unreal engine

提示词：珠宝设计，由麻绳编织的蓝色水晶球和白色珍珠透明水

晶球手镯，蓝色球内部仿佛有一个闪耀的宇宙，采用Octane引擎实现超现实的真实感，4K分辨率，色彩生动，细节极其精致，通过虚幻引擎渲染

图10－7 水晶球手镯

运行如下提示词，将得到如图10－8所示的图像。

Prompt：jewelry design，the bracelet is made of silver and inlaid with a great diamond，cinematic lighting，extreme details，low angle，luxury piece

提示词：珠宝设计，手镯由银制成，镶嵌着钻石，电影般的灯光，极致的细节，低角度，奢华的单品

图 10-8 银手镯

应用 54：耳饰设计

耳饰也是一种流行的装饰品，通常佩戴在耳朵上。它们不仅可以增加个人魅力，而且可以展示个人风格和审美观点。耳饰有多种类型和风格，以下是一些常见的分类。

(1) 耳钉 (stud earrings)：耳钉通常由一颗宝石或其他装饰物组成，可直接戴在耳垂上。它们通常比较小巧，适合日常佩戴。

(2) 耳环 (hoop earrings)：耳环的形状像一个圈，可以是完整的圆，也可以是半圆。它们有各种大小和材质，非常时尚。

(3) 耳坠 (dangle earrings)：耳坠由一个或多个部件组成，可以自由摆动，长度较长，可以提升佩戴者的魅力。

(4) 夹式耳环 (clip-on earrings)：对于没有耳洞的人，夹式耳环是一

个很好的选择，它们可通过夹子或其他手段固定在耳垂上。

（5）全耳式耳环（ear cuffs）：全耳式耳环覆盖了耳朵的一部分或全部，不需要耳洞，非常前卫和时尚。

（6）耳线（ear thread）：由一条细线穿过耳洞，线的一端可以有珠子或其他装饰。它们非常轻巧，适合追求简约风格的人士。

（7）耳夹（ear clips）：类似于夹式耳环，通过夹子固定在耳朵上，通常覆盖更大的面积。

（8）耳骨环（barbell earrings）：耳骨环常用于耳骨穿孔部位的佩戴，由一根直杆和两个球形端部组成，适合追求个性化风格的人。

不同的耳饰类型适用于不同的场合，如正式活动、日常佩戴或特殊庆祝活动。它们可以由各种材料制成，如金、银、铂金、宝石、珍珠等，也可以有各种颜色和设计。选择合适的耳饰可以提升整体形象和强化个人风格。

运行如下提示词，将得到如图 10－9 所示的图像。

Prompt：stud earrings design，pearl

提示词：耳钉设计，珍珠

图 10－9　珍珠耳钉

运行如下提示词，将得到如图 10－10 所示的图像。

Prompt： jewelry design，simple loop dangle earrings，silver，sapphire

提示词： 珠宝设计，简单的环形耳坠，银，蓝宝石

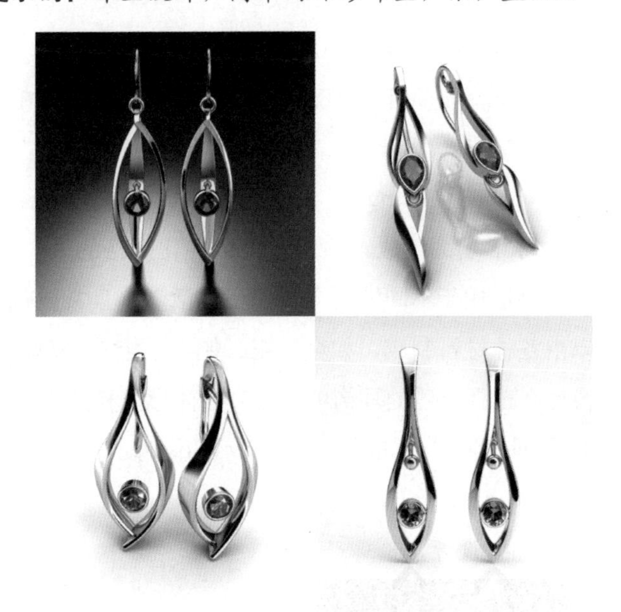

图 10－10　蓝宝石环形耳坠

第 11 章/*Chapter Eleven*

UI 设计

Midjourney 是一款出色的 AI 绘画工具，广泛应用于网站设计、APP 设计和 ICON 设计等领域。这款 AI 工具凭借直观的用户界面和卓越功能，可以让用户轻松地将创意概念转化为设计作品。虽然目前只能生成位图，不能直接生成可编辑的矢量图，但它仍是设计师寻找灵感和进行设计探索的理想平台。用户可借助其他工具（如 Adobe Illustrator 或在线转换网站），将 Midjourney 生成的位图转换为矢量图，进一步进行修改和调整。Midjourney 不仅是设计流程的起点，而且在整个设计过程中起到重要作用，简化设计师的设计工作。

应用 55：网站设计

使用 Midjourney 进行网站设计时，用户通过输入提示词就能轻松获取网页设计的效果图。虽然 Midjourney 操作便捷，能够迅速生成设计效果图，但值得注意的是，它并不提供文本编辑功能。因此，在实际应用之前，用户还需借助图像处理软件（如 Photoshop）进行细节的调整和优化。

编写提示词前，需要考虑一些因素。首先，用户需要清晰地确定网站的类型和主题。然后，用户需要对网站所展现的内容和色调有一个明确的认识。虽然这不是强制性要求，但能帮助 Midjourney 更精准地匹配用户的设计需求。有时 Midjourney 甚至能提供超乎想象的图像和色彩组合，使用户的设计更为独特和具有视觉冲击力，从而增强整体效果。

网站设计的提示词结构如下：

（modern）web design for＋网站种类＋网页类型＋细节

（1）（modern）web design for：当使用 Midjourney 进行网站设计时，可以用“（modern）web design for”作为提示词的开头。这是一项明确的指示，告诉 Midjourney 进行的是（现代风格的）网页设计。

（2）网站种类：用户应该明确指定要设计的网站种类，无论是音乐网站、在线书店还是企业网站等，都需要指定具体的方向。

（3）网页类型：用户还需指定设计的具体网页类型，例如，落地页（landing page）、登录页（login page）、主页（home page）等。

（4）细节：此外，还可以包括对网站色调的期望、宽高比（使用 ar 参数设置）以及不想在网站设计中看到的元素（使用 no 参数排除）等。这些细节的设置有助于 Midjourney 更精确地满足用户的设计需求，实现个性化构想。

例如：设计一个在线书店的落地页，运行如下提示词，将得到如图 11-1 所示的图像。

Prompt：web design for online bookstore，landing page

提示词：在线书店网站设计，落地页

例如：设计一个音乐网站的登录页，运行如下提示词，将得到如图 11-2 所示的图像。

Prompt：web design for online music，login page

提示词：在线音乐网站设计，登录页

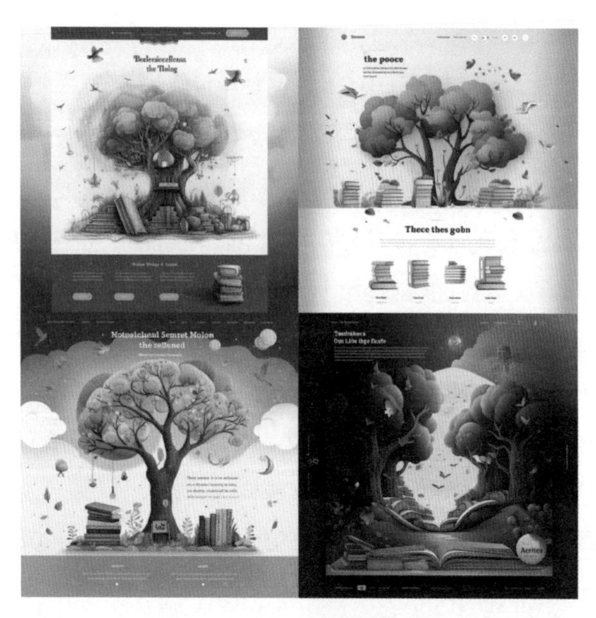

图 11-1　在线书店的落地页

图 11-2　在线音乐网站的登录页

应用 56：APP 设计

Midjourney 为没有专业 UI 设计的团队提供了一条便捷之路，让他们可以轻松获取高品质的 UI 设计图。该工具不仅能快速生成具有专业外观的演示版（demo），而且能创造出基本可用的 UI 设计草稿。无论是想要探索概念设计还是寻找灵感，Midjourney 都能以其直观、灵活的特点满足各类需求，帮助团队更高效地完成设计任务。

移动端的 UI 设计与网页设计类似，其提示词结构如下：

UI/UX design＋APP 类型＋风格＋细节＋参数

（1）UI/UX design：通过这一关键词，用户向 Midjourney 明确表示其目标是进行 UI/UX 设计。

（2）APP 类型：用户需要准确描述想设计的 APP 类型，无论是美食、健身还是短视频等界面，具体的指明都可以帮助 Midjourney 更好地理解用户的需求。

（3）风格：根据项目的需要，可以指定 APP 的设计风格，如现代风格（modern）、极简主义（minimalism）或都市风格（urban）等，为用户的设计增添独特的个性。

（4）细节：用户可以进一步设定颜色方案、设计质量和其他具体要素，让设计完全符合预期。

（5）参数：Midjourney 允许用户对设计进行更精细的控制和调整，通过运用一系列参数，确保最终产品不仅美观，而且符合功能和用户体验的需求。

例如，设计一个健身 APP，运行如下提示词，将得到如图 11－3 所示的图像。

Prompt：UI design，fitness APP，Figma，modern style，purple and white colors，HQ，4K --q 2

提示词：UI设计，健身APP，Figma，现代风格，紫色和白色，高质量，4K分辨率

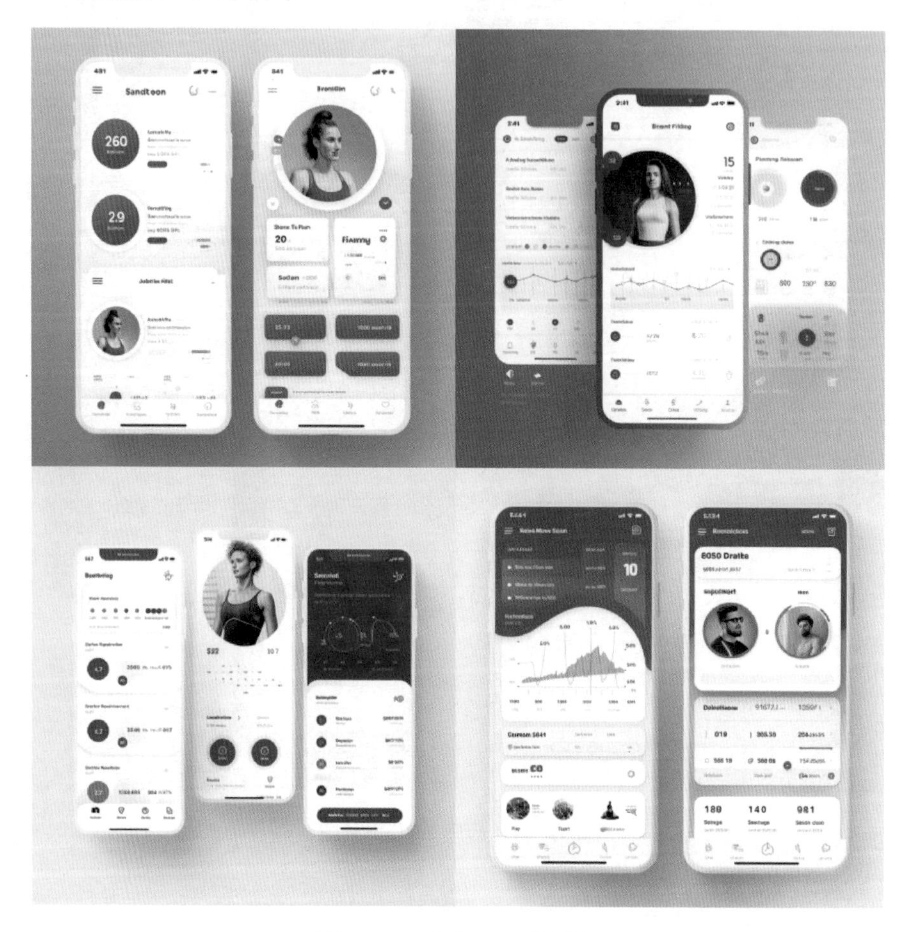

图11-3 健身APP设计图

例如，设计一个药店APP，运行如下提示词，将得到如图11-4所示的图像。

Prompt：UI design，pharmacy APP，minimalism style

提示词：UI设计，药店APP，极简风格

图 11－4　药店 APP 设计图

应用 57：ICON 设计

ICON（图标）不是 APP 的简单元素，而是至关重要的部分，它不仅仅传达了 APP 的核心理念，更是用户的第一视觉接触点。在用户探索一个 APP 之前，ICON 便是他们首次注意到的内容。因此，ICON 的设计品质不仅关乎视觉美感，而且直接塑造了用户对 APP 的第一印象。一个精心设

计的ICON能够在第一时间激发用户的兴趣和好奇心，引导他们深入了解和使用APP。

使用Midjourney进行ICON设计的操作很简单，用户只需要提供几个简明的提示词就能进行ICON设计。

ICON设计的提示词结构如下：

ICON for iOS/Android APP＋物体＋风格＋细节＋参数

（1）ICON for iOS/Android APP：这是向Midjourney明确指示我们的目标，即生成一个适用于iOS/Android APP的ICON。

（2）物体：详细地描述用户期望ICON中展示的具体元素，可以是一个汉堡包、一部手机或一本书。

（3）风格：明确阐述期望的设计风格，可以是简洁现代、复古风格或其他风格。

（4）细节：对ICON的具体特性或属性进行深入描述，让Midjourney更加理解用户的设计需求。

（5）参数：可以设置特定的参数来提升ICON的解析度或整体质量，满足不同应用场景的需求。

例如，设计音乐APP上的音乐符号ICON，运行如下提示词，将得到如图11-5所示的图像。

Prompt：ICON for iOS APP in high resolution，music notation，high quality --q 2

提示词：iOS APP的图标，高分辨率，音乐符号，高质量

例如，设计图书APP上的书籍ICON，运行如下提示词，将得到如图11-6所示的图像。

Prompt：ICON for Android APP in high resolution，book，high quality，minimalism style，flat design

提示词：安卓APP的图标，高分辨率，书籍，高质量，极简风格，扁平化设计

图 11－5　音乐符号 ICON

图 11－6　书籍 ICON

第 12 章/*Chapter Twelve*

建筑/室内/景观设计

Midjourney 在建筑设计领域有诸多应用，从建筑到家具，从色彩到材料，无论专业设计师还是业余爱好者，都可以借助它将想法转化为逼真的视觉效果图。

以下是 Midjourney 在建筑设计、室内装修以及景观设计方面的各种应用。

（1）建筑概念图设计：通过输入关键词和参数，Midjourney 可以为建筑师和设计师快速生成建筑概念图。这种方法不仅节省时间，而且可以在项目初期探索多种可能性和寻找设计灵感。

（2）室内设计：通过输入房间设计的提示词，Midjourney 可以轻松实现房间布局和设计方案的可视化。无论卧室、客厅还是厨房，Midjourney 都可以生成逼真的效果图。

（3）家具布局设计：Midjourney 可以辅助在房间内虚拟排列家具，实现最佳的布局效果和视觉平衡。

（4）装饰设计：通过调整提示词，可以在 Midjourney 中测试各种装饰元素，例如挂画、花瓶等，以便找到最适合房间的装饰方案。

（5）光照设计：Midjourney 可以模拟不同光源的效果，确保光线均匀分布，营造出理想的设计氛围。

（6）色彩搭配：Midjourney 可以实时预览不同色彩方案的效果，让设计师轻松找到最佳的配色方案。

（7）材料选择：用户可以探索不同材料的组合和效果（从硬木到大理石等），选择最合适的材质。

（8）户型图设计：Midjourney 可以快速生成各种户型图，无论开放式还是多房型设计都可以实现。

（9）平面效果图设计：Midjourney 可以轻松将 3D 模型转换为逼真的平面效果图，便于项目展示。

（10）三维透视图：Midjourney 的三维渲染能力可以为用户展示逼真的三维视图。

（11）地毯设计：Midjourney 可以设计不同颜色和图案的地毯，协助用户尝试不同的地毯设计。

（12）墙纸设计：无论现代风格还是传统风格，Midjourney 都可以生成适合的墙纸设计方案。

（13）景观概念设计：除了室内设计，Midjourney 还可以辅助进行室外景观设计，如花园、城市公园。

（14）城市规划设计：Midjourney 可用于城市规划，帮助设计师可视化整个城市的布局和功能区域。

（15）雕塑设计：如果想在公共空间放置一座雕塑，Midjourney 可以帮助生成各种风格和形状的雕塑设计方案。

应用 58：建筑概念图设计

世界各地的建筑师和建筑公司一直在探索如何使用 Midjourney 快速生成和迭代建筑概念图。有些建筑师使用 Midjourney 轻松模仿了札哈 · 哈蒂（Zaha Hadid）的建筑设计风格。Midjourney 在建筑领域的真正潜力从来都不是取代有创造力的个人，而是将他们的能力放大一百倍。

下面是建筑概念图设计的提示词结构，这不是严格的规则限制，而是可以作为编写建筑概念图设计提示词的一般模板。关键词的顺序很重要，关键词位置越靠前就越重要。因此，如果想强调建筑师的风格，就将他们的名字放在首位。

主题详细描述＋周边环境＋建筑风格或时期、建筑师、设计师和摄影师＋参数

建筑概念图设计的提示词中经常会用到的参数如下：

（1）使用ar参数设置宽高比。建筑概念图中，最常见的宽高比是16∶9、4∶3和3∶2。

（2）使用chaos参数（即c参数）为设计的结果增加多样性。该参数的范围值是0～100，默认值为0，可适当添加该参数，比如--c 2。

（3）使用stylize参数（即s参数）设置风格化程度。s参数决定了生成的图像遵循模型默认风格的程度，该参数的范围值是0～1 000，默认值为100。

运行如下提示词，将得到如图12-1所示的图像。

Prompt：modern house with structurally floating overhangs，glass windows and low stone walls，mountainside，canyon，sun rising，modern，high resolution photography exterior design，cozy atmosphere

提示词：现代房屋，悬浮结构，玻璃窗户和低矮的石墙，坐落在山腰，峡谷，太阳初升，现代风格，高分辨率摄影的外部设计，温馨的氛围

运行如下提示词，将得到如图12-2所示的图像。

Prompt：colorful opera house，futuristic modern，bright，in the style of Arata Isozaki

提示词：色彩缤纷的歌剧院，未来主义的现代，明亮，矶崎新风格

图 12－1　现代建筑房屋

图 12－2　矶崎新风格的色彩缤纷的歌剧院

应用59：室内设计

利用 Midjourney 进行室内设计不仅能够加快设计速度，而且有助于促进设计师与客户之间的沟通和合作。通过实时预览和快速迭代，室内设计师可以确保客户的需求得到准确满足和实现。Midjourney 正在改变建筑设计的工作方式，为全球的室内设计师提供了一种高效、灵活和强大的工具。

室内设计的提示词结构如下：

interior design＋房间类型＋选材考量＋室内陈设＋颜色调配＋装修风格＋光线调控

（1）房间类型：不仅包括传统的卧室、客厅和书房，还扩展到阅览室和家庭办公室，满足多样化的居住和工作需求。

（2）选材考量：材质选择丰富多样，从自然的木材、皮革到现代的金属、玻璃，甚至温暖的毛皮以及坚硬的钢材等，展现了精致的工艺和个性化的选择。

（3）室内陈设：舒适的扶手椅、躺椅，以及优雅的地垫、壁炉和内置书柜，装饰物如花瓶、雕塑和植物等，都丰富了空间的层次感，提升了艺术感。

（4）颜色调配：从浅木色到深木色的渐变色彩，再到纯净的漆白色和温馨的浅粉色，不仅呈现了和谐的视觉效果，也展现了房间的氛围和情感。

（5）装修风格：装修风格包括经典的传统、流行的现代、简洁的简约、自由的不拘一格以及富有艺术感的波西米亚，满足了不同人群的审美。

（6）光线调控：无论是温暖的晨光、宁静的夜光还是浪漫的烛光，光线的选择都与空间和装饰完美融合，创造了舒适而别致的居住体验。

运行如下提示词，将得到如图 12－3 所示的图像。

Prompt：interior design，home office，with metal，glass shelves and a comfortable table，modern style，vases，sculptures，fireplace，4K

提示词：室内设计，家庭办公室，配有金属、玻璃架子和舒适的桌子，现代风格，花瓶，雕塑，壁炉，4K 分辨率

图 12－3 家庭办公室

运行如下提示词，将得到如图 12－4 所示的图像。

Prompt：boho interior design，white，olive green，cognac，rusty orange colors room，florals and paisleys

提示词：波西米亚风格的室内设计，白色，橄榄绿，干邑白兰地酒，锈橙色房间，花卉和佩斯利图案

图 12-4　波西米亚风格的室内设计

应用 60：户型图设计（AutoCAD 图纸设计）

AutoCAD 是一款专业的 2D 和 3D 设计软件，广泛应用于建筑、机械和电子等领域。通过 Midjourney 与 AutoCAD 的结合，设计师可以在 Midjourney 中进行初步的户型图设计并导出相应的文件，然后在 AutoCAD 中进一步细化和完善。这一流程不仅缩短了设计时间，而且提高了设计的精确度和专业性。

户型图设计的提示词结构如下：

AutoCAD drawing of the floor plan＋*房屋布局*

例如，设计别墅首层户型图，运行如下提示词，将得到如图 12－5 所示的图像。

Prompt：AutoCAD drawing of the floor plan，the first floor villa building plan，including bedroom，living room，bathroom，kitchen and other building space，each space has specific furniture

提示词：AutoCAD 绘制的户型图，别墅首层建筑方案，涵盖卧室、客厅、浴室、厨房等建筑空间，每个空间都配有特定的家具

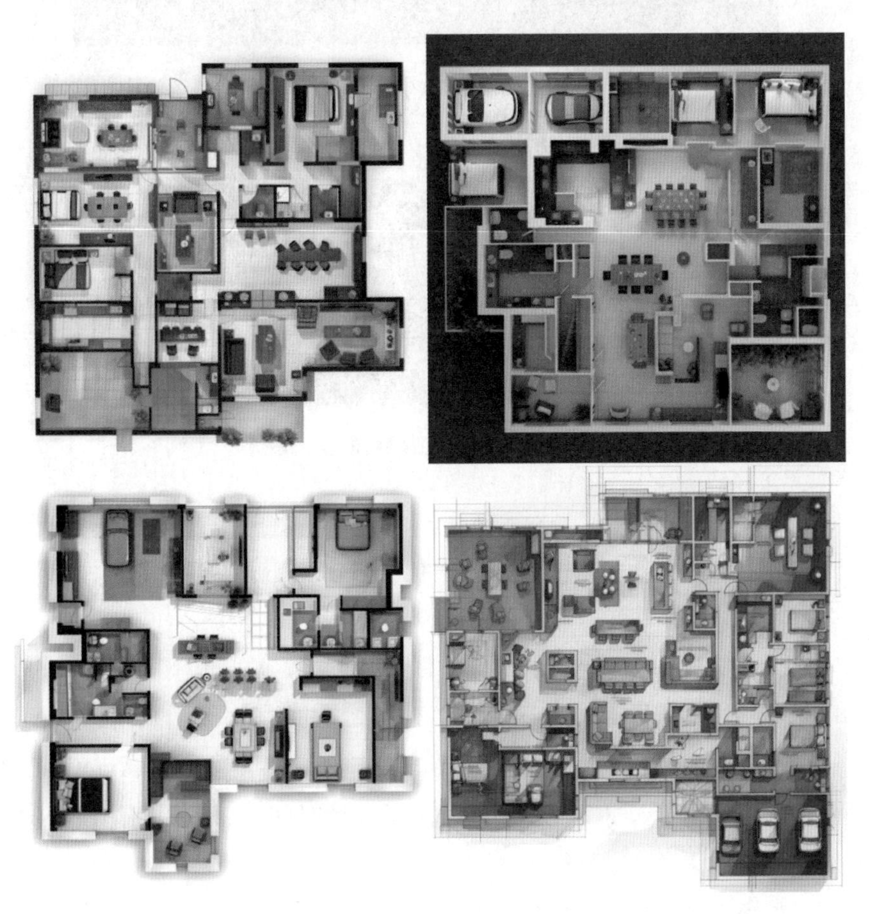

图 12－5 别墅首层户型图

例如，设计民宅户型图，运行如下提示词，将得到如图 12－6 所示的图像。

Prompt：AutoCAD drawing of the floor plan，a house，including a bedroom，a living room，bathroom，kitchen --ar 16∶9

提示词：AutoCAD 绘制的户型图，一栋房子，包括卧室、客厅、浴室、厨房

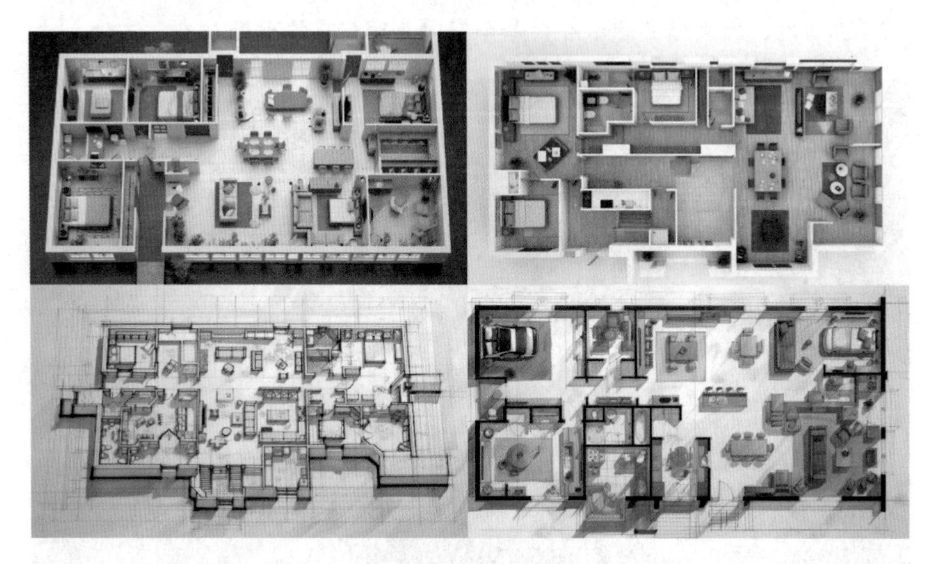

图 12－6　民宅户型图

应用 61：建筑平面效果图设计

借助 Midjourney，设计师可以快速生成建筑平面效果图，减少从概念到可视化的时间。Midjourney 提供了丰富的模板选择，从住宅、商业到公共设施等，都能找到合适的设计方案。

建筑平面效果图设计的提示词结构如下：

architectural plan renderings＋建筑物布局

例如，设计一所高中的平面效果图，运行如下提示词，将得到如图 12－7 所示的图像。

Prompt：architectural plan renderings，architectural plans of a high school，including classrooms，sports venues，libraries，and music halls，each space should have a corresponding layout --ar 16∶9

提示词：建筑平面渲染图，一所高中的建筑规划，包括教室、体育场地、图书馆和音乐厅，每个空间应有相应的布局

图 12－7 一所高中的平面效果图

应用 62：三维平面透视图设计

三维平面透视图（3D plane perspective view）是一种视觉表现手法，用于展示物体或空间在三维空间中的真实形态。与普通的平面图或立面图相比，三维平面透视图能更直观、生动地展现物体的深度和空间感。

例如，设计大型购物商场的三维平面透视效果图，运行如下提示词，将得到如图12-8所示的图像。

Prompt：3D architectural plane perspective renderings，large shopping malls architectural plan，including public toilets，shops and other architectural spaces，each space should have a corresponding layout --ar 16：9

提示词：三维建筑平面透视效果图，大型购物商场的建筑规划，包括公共卫生间、商店等建筑空间，每个空间应有相应的布局

图12-8　大型购物商场的三维平面透视效果图

例如，设计体育场三维平面效果图，运行如下提示词，将得到如图12-9所示的图像。

Prompt：the 3D renderings of the building，the stadium building plan，each space should have a corresponding layout

提示词：建筑三维平面效果图，体育场建筑规划，每个空间应有相应的布局

图 12－9　体育场三维平面效果图

应用 63：地毯图案设计

地毯是一种常见的室内装饰物品，用于覆盖地面，增加舒适感和美观性。地毯不仅能为房间增添温馨的感觉，而且具有隔音和保暖作用。地毯可以根据多个因素分类，以下是常见的分类方式。

（1）按材质分类：

1）天然纤维地毯：如棉、羊毛、丝等。

2）合成纤维地毯：如尼龙、聚丙烯、聚酯等。

（2）按结构分类：

1）手工地毯：精致、工艺复杂，一般由传统手工编织。

2）机织地毯：工艺相对简单，大规模生产。

（3）按用途分类：

1）家用地毯：适用于家庭的客厅、卧室等场所。

2）商用地毯：适用于办公室、酒店、商场等商业空间。

（4）按样式分类：

1）古典风格地毯：传统的图案和颜色。

2）现代风格地毯：简约、时尚的设计风格。

3）儿童地毯：色彩鲜艳，图案有趣，适合儿童房间。

（5）按制造工艺分类：

1）割绒地毯：表面有割绒效果，手感舒适。

2）环绒地毯：纤维呈环状，耐磨。

地毯的选择应考虑房间的使用功能、个人喜好、预算等因素，选择与室内装饰风格相协调的款式。

Midjourney 允许设计师根据不同风格的要求创建地毯图案。无论古典风格、现代风格还是儿童风格，设计师都可以通过 Midjourney 进行快速模拟和可视化。

地毯图案设计的提示词结构如下：

carpet design＋用途＋图案＋材质＋风格＋工艺

例如，设计儿童地毯，运行如下提示词，将得到如图 12-10 所示的图像。

Prompt：carpet design，children's carpet，wool material，including ocean，marine life

提示词：地毯设计，儿童地毯，羊毛材质，包含海洋、海洋生物

图 12－10 儿童地毯

应用 64：壁纸设计

壁纸是一种覆盖墙壁、天花板或其他室内表面的材料，用以装饰和保护墙面。壁纸具有丰富的样式、纹理和颜色，适用于各种装修风格。

下面是壁纸的一些主要分类。

（1）无纺布壁纸（non-woven wallpaper）。无纺布壁纸是一种环保、透气的壁纸，具有良好的触感和纹理，适用于卧室、客厅等生活空间。

（2）纸质壁纸（paper wallpaper）。纸质壁纸以纸为主要材料，具有价格低廉、款式多样的优点，但纸质壁纸的耐用性相对较低。

（3）PVC壁纸（PVC wallpaper）。PVC壁纸由聚氯乙烯制成，具有良好的防水和耐磨性能，常用于厨房、浴室等湿润环境。

（4）丝绸壁纸（silk wallpaper）。丝绸壁纸具有典雅的光泽和柔软的触感，常用于豪华装修空间，如豪华酒店、客厅等。

（5）3D壁纸（3D wallpaper）。3D壁纸通过立体图案和颜色搭配创造出独特的视觉效果，增加空间的立体感和动态感。

（6）自粘壁纸（self-adhesive wallpaper）。自粘壁纸具有黏性背面，安装方便快捷，适合短期装修或租房使用。

（7）磁性壁纸（magnetic wallpaper）。磁性壁纸可以吸附磁铁，适用于儿童房间和教育空间，可增加趣味性和实用性。

（8）定制壁纸（custom wallpaper）。定制壁纸是按客户的具体需求和设计定制的，可以完全符合空间的主题和风格。

壁纸以其多样化的材质、样式和用途成为现代室内设计中不可或缺的元素，不同类型的壁纸适用于不同的空间和装修风格，为室内空间增添了美感和功能性。

壁纸设计的提示词结构如下：

wallpaper and wall coverings design＋材质＋图案＋风格

例如，设计极简风格的纸质壁纸，运行如下提示词，将得到如图12-11所示的图像。

Prompt：wallpaper and wall coverings design，paper wallpaper，rose，minimalist style

提示词：壁纸和墙面覆盖物设计，纸质壁纸，玫瑰，极简风格

图 12－11　极简风格的玫瑰花壁纸

应用 65：景观概念图设计

景观设计是一门源远流长的艺术，它能触动人们的心灵，引发对自然之美的惊奇和感慨。将人工智能引入景观设计和可视化展示，将赋予景观设计更多创造力，把美丽的自然景致呈现得更加精致动人。

Midjourney 为景观设计师打开了一扇全新的大门。仅需简短的文字描述，Midjourney 便可描绘出理想的景观元素、氛围和细节，立即生成令人

震撼的景观概念图。

这项技术让景观设计师能够：

(1) 在实际施工前迅速直观地呈现不同的设计方案，轻松测试各种“假设”场景。

(2) 通过丰富、生动的概念图展现景观设计的感觉和氛围，其所呈现的美感远超一般的技术图纸。

(3) 针对不同的光线条件、季节、天气和一天中的不同时段试验，找到最适宜的布局和植被选择。

(4) 通过迭代优化渲染图（通过调整描述文字即可改变景观概念图）。

(5) 利用照片编辑工具对最终的渲染图进行精雕细琢，增强图像的对比、色彩的活力和深度感，使设计作品栩栩如生。

景观概念图设计的提示词结构如下：

landscape design＋景观主体＋细节描述＋风格

例如，设计现代墨西哥私人花园，运行如下提示词，将得到如图 12－12 所示的图像。

Prompt：landscape design，modern Mexican private garden design，a group of shrubs，Mexican feather grass，fountain，blue agave，jacarandas，mirror render，back light

提示词：景观设计，现代墨西哥私人花园设计，一组灌木，墨西哥羽毛草，喷泉，蓝色龙舌兰，蓝花楹，镜像渲染，背光

例如，设计极简主义的热带博物馆，运行如下提示词，将得到如图 12－13 所示的图像。

Prompt：landscape design，minimalist tropical museum，big solar panels，Peter Zumthor architecture，red brick，swimming pool，perspective，mirror render，natural light --ar 16：9

提示词：景观设计，极简主义的热带博物馆，大型太阳能电池板，彼得·卒姆托建筑，红砖，游泳池，透视，镜像渲染，自然光线

图 12－12　现代墨西哥私人花园

图 12－13　极简主义的热带博物馆

应用 66：城市规划意向图设计

对于从事规划项目的设计师来说，寻找合适的意向图是一项艰巨的任务。有了 Midjourney，这个棘手的问题也可以轻松解决。下面将深入探讨如何撰写城市规划意向图提示词以实现更精确的出图效果。

当使用 Midjourney 绘图时，可以将整个过程想象成摄影创作。除了对内容题材的选择，对视角、光线、画风的精确描述也能让 AI 更深入地理解用户所期望的效果。

城市规划意向图设计的提示词结构如下：

视角＋光线＋画风＋画面内容

（1）视角的描述技巧：如果不指定视角，Midjourney 的默认视角通常为人的视角，通过增加视角的描述可以精确地生成鸟瞰图或顶视图。

（2）光线的描述技巧：通过对光线的细致描述来控制画面的明暗效果。除了使用“明亮”“昏暗”等形容词，还可以通过描述一天中的具体时间段（如“清晨”“正午”“黄昏”）来精确控制光线效果。

（3）画风的描述技巧：画风的描述有助于控制画面的整体风格和感觉。当描述画风时，建议使用“水彩风格”“水彩笔触”“水彩绘制”等术语，避免如“水彩笔”这样可能引起误解的描述（AI 可能会将其误解为画面内容而非画风）。

（4）画面内容的描述技巧：画面内容的描述需要更精确和具体。由于 Midjourney 使用的训练素材主要源自国外，“居住区”“商业区”等过于笼统的描述可能会导致生成的城市规划画面与国内的实际情况不完全吻合。要想实现更精准的控制，可以描述具体的业态、开发强度、布局形式、建筑风格、建筑材质等细节。画面内容的描述越详细，生成的结果可能越符合预期。

总的来说，通过精确的提示词，Midjourney 可以将设计师的城市规划

愿景转化为逼真的视觉效果，这对于专业的城市规划工作者来说无疑是一种极具价值的工具。

例如，设计低层住宅建筑规划图，运行如下提示词，将得到如图 12－14 所示的图像。

Prompt：aerial view，photography，residential area，low-rise residential building，low plot ratio determinant layout，modern architectural style

提示词：鸟瞰图，摄影，居住区，低层住宅建筑，低容积率行列式布局，现代建筑风格

图 12－14　低层住宅建筑规划图

应用 67：雕塑设计

雕塑设计是一个将艺术、历史和工艺结合在一起的独特领域，涉及创造三维形象，常用于纪念、装饰或象征性的目的。以下是雕塑设计的一些关键方面。

（1）目的与主题：雕塑可能是为了纪念某个人物、事件或概念而设计的。设计师必须深入理解雕塑的目的，并选择相应的主题和风格。

（2）材料选择：雕塑可以用各种材料制造，如大理石、青铜、木头等。材料的选择通常取决于预期的外观和感觉以及雕塑的耐久性需求。

（3）尺寸和比例：雕塑的尺寸和比例必须与其所处的空间和背景相协调。大型公共雕塑可能需要更雄伟和引人注目的设计，小型私人雕塑则可能更注重细节和精致。

（4）风格和技巧：雕塑设计有许多不同的风格，从古典和现实主义到抽象和现代主义。设计师必须选择与主题和目的相匹配的风格，并熟练掌握所需的技巧和方法。

（5）安装和展示：雕塑的展示位置和方式也是设计的重要部分，设计师必须考虑雕塑与周围环境的互动以及观看角度等因素。

（6）象征意义：许多雕塑具有深刻的象征意义，设计师可能会使用特定的形状、图案或元素来传达特定的信息或情感。

根据以上关键信息可知，使用 Midjourney 进行雕塑设计时，提示词应包含以下内容：

sculpture design＋主题＋细节描述＋材料＋尺寸＋风格

例如，设计古代女天使雕塑，运行如下提示词，将得到如图 12－15 所示的图像。

Prompt：sculpture design，ancient sculptural female angel，wearing long veil dress，long wings，Guillermo del Toro style，epic，Octane，

volumetric，detail

提示词：雕塑设计，古代女天使雕塑，身穿长纱连衣裙，长翅膀，吉尔莫·德尔·托罗风格，史诗般，Octane 渲染，体积感，细节感

图 12－15　古代女天使雕塑

例如，设计女性骑着摩托车的雕塑，运行如下提示词，将得到如图 12－16 所示的图像。

Prompt：sculpture design，fine art statue of woman on a surrealist motorbike，ivory art deco，carved white marble，inlaid with ivory and gold accents，ivory Rococo，wings lace wear

提示词：雕塑设计，女性骑着超现实主义摩托车的美术雕塑，象牙色艺术装饰风格，雕刻于白色大理石，镶嵌象牙和金色装饰，象牙色洛可可风格，蕾丝翼穿着

图12-16 女性骑着摩托车的雕塑

第 13 章/*Chapter Thirteen*

服装/饰品设计

服装设计（fashion design）是一门涉及创意、美学、技术和商业运作的综合性艺术。它不仅关注服装的外观和美感，而且涵盖了人体工程学、面料科学以及市场趋势分析等诸多领域。

服装设计的类别多样，以下是一些主要类别。

（1）女装设计（women's wear design）：专注于女性服装的设计，包括日常穿着、商务装、晚礼服等。

（2）男装设计（men's wear design）：针对男性所需，设计各种商务装、休闲装、正式装等。

（3）童装设计（children's wear design）：针对儿童和青少年的服装设计，注重舒适度和功能性。

（4）运动服装设计（sportswear design）：针对特定运动或户外活动服装的设计，强调舒适、透气和灵活度。

（5）时装设计（haute couture design）：为高端市场定制的服装，强调原创性、手工艺和精致的材料。

（6）休闲装设计（casual wear design）：适合日常休闲场合穿着的服装设计，注重实用与舒适。

（7）特殊场合服装设计（special occasion design）：针对特定场合（如

婚礼、舞会等）设计的服装。

（8）制服设计（uniform design）：为企业、学校、军队等组织设计的统一服装，强调代表性和一致性。

（9）可持续服装设计（sustainable fashion design）：注重环保和可持续性原则的服装设计，使用可回收或环保材料。

（10）配饰设计（accessories design）：帽子、围巾、鞋子、包等配饰的设计。

根据不同的设计类别，服装设计师可以迎合不同年龄、性别、文化背景和生活方式的人，满足他们在各种场合的穿着需求。

传统的服装设计流程是一个极其烦琐的过程，涵盖了从概念到成品的所有步骤。首先，设计师需理解目标市场和客户的需求，然后构思设计概念和灵感。接着，绘制草图进行可视化设计，选择合适的面料和颜色。然后，制作和调整样品，确保设计既美观又实用，在多次试穿和修改后，完善设计方案。最后，进入生产阶段，大规模制造和分销。整个流程需要设计师有敏锐的审美、技术专长以及对市场趋势的深入理解。

同其他艺术家和创意人士一样，服装设计师也可能会遇到设计障碍，挣扎于寻找新的设计灵感。这些障碍可能由多种因素引起，如创意枯竭、自我怀疑、缺乏灵感，或是被不断产生新颖和创新作品的压力压垮。为了克服这些设计障碍，设计师通常需要寻找多元化的解决方案。他们可能需要暂时休息、从多元化的来源中寻找灵感、尝试新的创作技术或材料、与其他创作者合作交流或者参与能够刷新思维、激发灵感的活动，从而重新焕发创造力。

随着 Midjourney 的问世，服装设计师遇到的难题可以轻松解决了。借助 Midjourney，只需要输入提示词，设计师就能轻松创作出别具一格的时尚造型和产品设计。

应用 68：T 恤设计

T 恤（T-shirt）是现代流行服装中最常见的一种类型，其设计简单、穿着舒适，能适应各种场合。T 恤设计多种多样，其中图案和印花工艺起到了重要作用。

T 恤图案包括各种风格和主题，从简单的文字和标志到复杂的插画和艺术作品。图案通常可以表达个人风格、文化、信仰或是某种社交或政治立场，常见的图案类型有：文字和标语、品牌和标志、艺术插画、主题图案。

印花工艺是将图案印制到 T 恤上的技术，常用的印花工艺有：丝网印刷（screen printing）、数字印刷（digital printing）、热转印（heat transfer）、染料印刷（dye sublimation）。

T 恤设计的提示词结构如下：

T-shirt design＋图案描述＋风格

运行如下提示词，将得到如图 13－1 所示的图像。

Prompt：minimalistic，growth，abstract geometric shapes and vibrant colors，perseverance，and learning for T-shirt & merchandise design

提示词：极简主义，成长，抽象的几何形状和充满活力的色彩，毅力，对 T 恤和商品设计的学习

运行如下提示词，将得到如图 13－2 所示的图像。

Prompt：T-shirt design，an image depicting various outdoor adventure activities，such as hiking，camping，and mountain biking

提示词：T 恤设计，描绘各种户外探险活动的图像，如徒步旅行、露营和山地骑行

运行如下提示词，将得到如图 13－3 所示的图像。

Prompt：create a vintage-style illustration of a coastal town with

图 13 - 1　极简风格的 T 恤设计

图 13 - 2　探险图案的 T 恤设计

a lighthouse，palm trees，and seagulls for a summer feel，suitable for T-shirt & merchandise design

提示词：创建一幅复古风格的沿海小镇插图，配有灯塔、棕榈树和海鸥，带来夏日的感觉，适用于 T 恤和商品设计

图 13－3　夏日复古风格的 T 恤设计

运行如下提示词，将得到如图 13－4 所示的图像。

Prompt：T-shirt design，colorful representation of the four seasons (spring，summer，fall and winter)，abstract shapes

提示词：T 恤设计，四季（春、夏、秋、冬）丰富多彩的表现，抽象造型

图 13-4　四季风格的 T 恤设计

应用 69：时装（时尚）设计

时装设计是一门涉及艺术、创意和工程的复杂学科，旨在创建服装和配饰。时装设计师需要具备艺术感，同时了解纺织材料、剪裁技巧、市场趋势以及如何将这些元素融合成既时尚又实用的设计。

时装设计可以分为许多不同的领域和专业，包括高定时装、成衣、运动装、童装、男装、女装等。有些设计师可能专注于特定的季节或场合，如泳装或婚纱设计。

时装设计的过程通常从一个初步的概念或灵感开始，这些概念或灵感可能源于历史、文化、自然或纯粹的艺术想象。设计师通过素描、计算机辅助设计软件或直接在人体模型上试制，将这些概念转化为实际的服装样品。

此外，时装设计师还必须与其他专业人员合作，包括裁缝、纺织专家和市场销售团队，以确保设计不仅美观，而且能满足消费者的需求和市场定位。

时装设计既是一种商业实践，也是一种文化表现形式。它反映了社会的审美趣味、价值观和生活方式，推动了工艺、技术和创新的发展。无论在时尚周的 T 台秀上还是在日常生活中，时装设计对我们而言都很重要。

时装设计的提示词结构如下：

时装类型＋细节描述＋fashion design

运行如下提示词，将得到如图 13－5 所示的图像。

Prompt：create an avant-garde evening gown with star-themed patterns and a flowing train，fashion design

提示词：打造一件前卫的晚礼服，搭配星星主题图案和流畅的裙摆，时装设计

图 13－5　晚礼服

运行如下提示词，将得到如图 13－6 所示的图像。

Prompt：illustrate，unisex sportswear，inspired by cyborgs，metallic，fashion design

提示词：插图，中性运动服，灵感来自半机械人，金属，时装设计

图 13－6　运动服

运行如下提示词，将得到如图 13－7 所示的图像。

Prompt：a bridal gown made of blue hydrangeas，stunning lighting，breathtaking，beautiful dress，wedding dress，photo realistic，detailed flowers，fashion design

提示词：一件由蓝色绣球花制成的婚纱，令人惊叹的灯光，令人叹为观止的美丽的连衣裙，婚纱，逼真的照片，精致的花朵，时装设计

图 13－7　蓝色时尚婚纱

运行如下提示词，将得到如图 13－8 所示的图像。

Prompt：develop a colorful，contemporary winter outerwear collection using bold patterns and unconventional materials，fashion design

提示词：采用大胆的图案和非传统的材料，打造色彩丰富的现代冬季外套系列，时装设计

运行如下提示词，将得到如图 13－9 所示的图像。

Prompt：tropical-inspired summer，wear collection，lightweight fabrics，vibrant，fashion design

提示词：热带风格的夏季服饰系列，轻盈的面料，充满活力，时装设计

运行如下提示词，将得到如图 13－10 所示的图像。

Prompt：illustrate a fashion-forward capsule wardrobe that seamlessly transitions from day to night，fashion design

图 13-8　冬季外套

图 13-9　热带风格的夏季服装

提示词：展示一款时尚前卫的胶囊衣橱，可从白天无缝过渡到夜晚，时装设计

图 13-10 胶囊衣橱

运行如下提示词，将得到如图 13-11 所示的图像。

Prompt：craft an elegant，men's suit collection featuring unconventional tailoring and bold embellishments，fashion design

提示词：打造优雅的男士西装系列，以非传统剪裁和大胆的装饰为特色，时装设计

图 13－11　男士西装

应用 70：纺织品设计

纺织品设计（textile design）是一个创意领域，不只是局限于创造美观的图案和色彩，还包括了解和应用不同材质的特性以满足功能性和审美需求。从穿着的衣物到家居装饰中的地毯、窗帘和毛巾，纺织品设计的应用广泛多样，体现了艺术与功能的完美结合。这不仅关乎外观的美感和舒适的触感，还涉及材料的选择、工艺的创新和细节的精致处理，展现了纺织品设计丰富的内涵。

以下是纺织品设计的关键点。

（1）材料选择：纺织品设计师需了解各种纤维（如棉、羊毛、丝绸等）和混纺材料的特性，如弹性、强度、吸湿性等，选择最适合特定用途的材料。

（2）图案与颜色：设计师通过插画、印刷、染色等方式创造图案和色彩效果，这些图案可以是几何图案、抽象图画、花卉设计等，具有强烈的视觉冲击力。

（3）织物结构：织物可以通过不同的织造和针织技术来创建，如平纹、斜纹、提花等，这些结构决定了织物的外观、质地和功能性。

（4）功能性设计：纺织品设计也需要考虑织物的用途和性能，如防水、透气、保暖、耐磨等。例如，户外服装可能需要特殊的防水处理，运动服装则需要良好的透气性。

（5）可持续性与伦理考虑：随着可持续发展和环保意识的提高，许多设计师正在寻求使用可回收或生物可降解材料，并确保生产过程符合伦理和社会责任标准。

纺织品设计的提示词结构如下：

图案内容描述＋textile design

运行如下提示词，将得到如图 13－12 所示的图像。

Prompt：illustrate a fairytale-inspired textile design with intricate scenes of playful creatures，magical landscapes，textile design

提示词：描绘一个受童话启发的纺织品设计，包含描绘嬉戏生物和神奇景观的复杂场景，纺织品设计

运行如下提示词，将得到如图 13－13 所示的图像。

Prompt：textile pattern inspired，Japanese，cherry blossoms，cranes，and waves in a harmonious，textile design

提示词：纺织图案灵感来自日本，樱花、鹤和波浪处于一片和谐中，纺织品设计

图 13 - 12　神奇景观的纺织品设计

图 13 - 13　日本风格的纺织品设计

应用 71：时装草图设计

在时尚界，新款时装的诞生都始于手绘的设计草图。这些草图既是设计师创意的具象化，也是缝制工人实现设计的蓝图。开始设计时需要先画出一个模特的轮廓，这是设计草图的基础。需要注意的是，这里的重点并不在于模特的人像细节，而在于展示的是裙子、裤子还是饰品等创意设计。

手绘草图时，细节的捕捉和表现同样重要，比如褶皱、缝线、纽扣等，它们能使设计更加生动、真实。这些细节不仅能让设计看起来更富有立体感，而且有助于缝制工人更准确地理解和实现设计师的意图。通过对线条、阴影和高光的巧妙运用，设计师能在草图中表现出纺织材料的质地和质感，使设计更富立体感。

时装草图设计的提示词结构如下：

时装类型＋细节描述＋technical fashion sketches

运行如下提示词，将得到如图 13－14 所示的图像。

Prompt：create a monochrome illustration of geometric patterns on a blouse，technical fashion sketches

提示词：在上衣上绘制几何图案的单色插图，时装草图设计

运行如下提示词，将得到如图 13－15 所示的图像。

Prompt：design a gender-neutral outfit of sharp angles and technical elements，technical fashion sketches

提示词：设计一套中性服装，采用尖锐的角度和技术元素，时装草图设计

运行如下提示词，将得到如图 13－16 所示的图像。

Prompt：showcase a sustainable design of eco-friendly fabrics and materials in a jacket，technical fashion sketches

图 13-14　上衣时装草图设计

图 13-15　中性套装时装草图设计

提示词：展示一款利用环保面料和材料制成的可持续设计的夹克，时装草图设计

图 13－16　夹克时装草图设计

应用 72：服装系列概念艺术设计

服装系列概念艺术（clothing line concept art）是对未来某一系列服装设计理念的视觉呈现，它以艺术的方式概括和展示了该系列的设计元素、色彩方案、布料选择、剪裁风格、装饰细节等。通过这种方式，设计师可以将自己的想法更直观地展现给其他团队成员，从而确保大家对这个服装系列的理解是一致的。同时，概念艺术也可以激发新的创意，帮助设计师发现可能遇到的问题。

服装系列概念艺术设计的提示词结构如下：

服装设计描述＋clothing line concept art

运行如下提示词，将得到如图 13－17 所示的图像。

Prompt：create a colorful，vibrant clothing line inspired by festival culture and tribal patterns，clothing line concept art

提示词：以节日文化和部落图案为灵感，打造丰富多彩、充满活力的服装系列，服装系列概念艺术设计

图 13－17　以节日文化和部落图案为灵感的服装系列概念艺术设计

运行如下提示词，将得到如图 13－18 所示的图像。

Prompt：design a clothing line for time-traveling adventurers，integrating iconic styles from different eras，clothing line concept art

提示词：为穿越时空的探险家设计服装系列，融合不同时代的标志性风格，服装系列概念艺术设计

图 13－18　为穿越时空的探险家进行的服装系列概念艺术设计

运行如下提示词，将得到如图 13－19 所示的图像。

Prompt：visualize a sustainable clothing line incorporating upcycled materials and unconventional fabrics，clothing line concept art

提示词：可视化一个使用升级再造材料和非常规布料的可持续服装系列，服装系列概念艺术设计

图 13-19　可持续服装系列概念艺术设计

应用 73：运动装设计

运动装设计（sportswear & activewear design）专注于设计适应各种运动和活动的服装。设计师需要考虑许多因素，包括功能性、舒适性、安全性以及耐用性。他们还需要密切关注材料选择，因为这会对运动装的性能产生重大影响。同时，运动装设计师需要保持对最新科技的了解，例如使用新材料以提升服装的性能。此外，他们还需要对人体力学和生物力学有深入的理解，以便设计出更加舒适的运动装。

根据不同的活动和运动，运动装可以分成许多类型。以下是一些常见的运动装分类。

（1）训练服（training wear）：用于日常训练的短裤、T 恤、运动裤等。

（2）跑步装（running wear）：考虑通风性和舒适性，包括运动短裤、紧身衣、跑鞋等。

（3）瑜伽服（yoga wear）：强调伸展性和舒适性，包括瑜伽裤、瑜伽上衣等。

（4）泳装（swimwear）：用于游泳或其他水上活动，包括泳衣、泳裤、泳镜等。

（5）自行车装（cycling wear）：为骑行设计，考虑阻力和舒适性，包括短裤、上衣、头盔等。

（6）篮球服（basketball wear）：包括篮球短裤、篮球鞋、球衣等。

（7）足球服（soccer wear）：包括足球短裤、足球鞋、足球衣等。

（8）滑雪装（ski wear）：用于保暖和保护，包括滑雪服、滑雪鞋、滑雪头盔等。

（9）登山装（mountain wear）：用于户外和登山活动，包括登山鞋、户外夹克、户外裤等。

（10）健身服（gym wear）：用于健身房运动，考虑通风性和舒适性，包括健身短裤、健身上衣等。

这些只是运动装的部分分类，根据运动的种类、环境和要求可以进行更细致的划分。

运动装设计的提示词结构如下：

运动装类型＋细节描述＋sportswear & activewear design

运行如下提示词，将得到如图 13－20 所示的图像。

Prompt：design a colorful，geometric-inspired yoga set with unique patterns and supportive features，sportswear & activewear design

提示词： 设计一套色彩丰富、以几何图形为灵感、具有独特图案和支撑功能的瑜伽套装，运动装设计

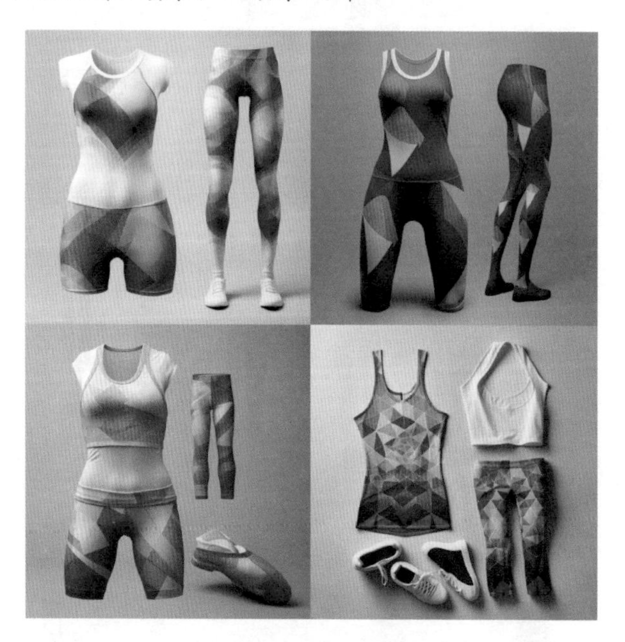

图 13-20 瑜伽服设计

运行如下提示词，将得到如图 13-21 所示的图像。

Prompt：illustrate a gender-neutral，minimalist sportswear outfit suitable for various workouts，sportswear & activewear design

提示词： 展示一套中性、简约的运动装，适合各种锻炼，运动装设计

运行如下提示词，将得到如图 13-22 所示的图像。

Prompt：develop a vibrant and bold collection of swimsuits that are streamlined and eye-catching，sportswear & activewear design

提示词： 开发一个充满活力和大胆的泳装系列，流线型且引人注目，运动装设计

运行如下提示词，将得到如图 13-23 所示的图像。

图 13－21　简约运动装设计

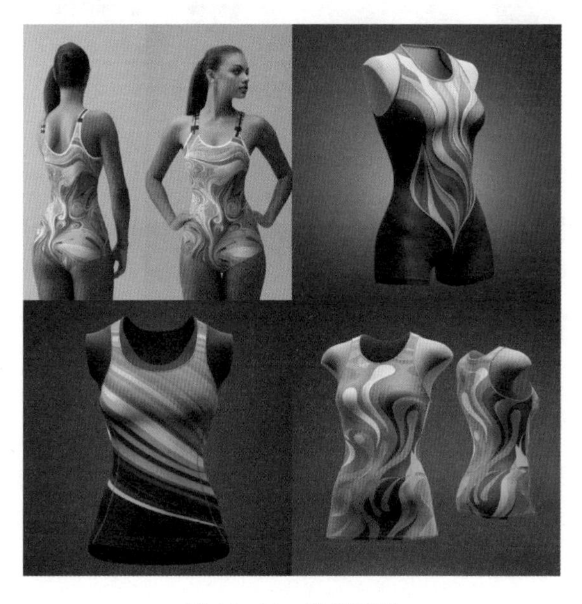

图 13－22　泳装设计

Prompt：a stylish and comfortable tennis outfit with featuring clean lines and dynamic colors，sportswear & activewear design

提示词：时尚舒适网球套装，线条简洁，色彩富有动感，运动装设计

图 13-23　网球套装设计

运行如下提示词，将得到如图 13-24 所示的图像。

Prompt：illustrate a blend of traditional and contemporary styles in a high-performance golf outfit with innovative fabric choices，sportswear & activewear design

提示词：采用创新的面料选择，打造高性能的高尔夫套装，展现传统与现代风格的融合，运动装设计

运行如下提示词，将得到如图 13-25 所示的图像。

Prompt：a sleek and simple basketball uniform，sportswear & activewear design

提示词：时尚简洁的篮球服，运动装设计

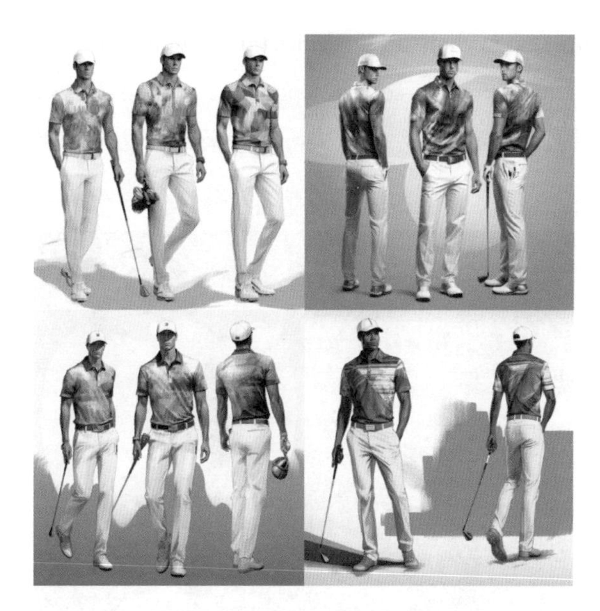

图 13－24　高尔夫套装设计

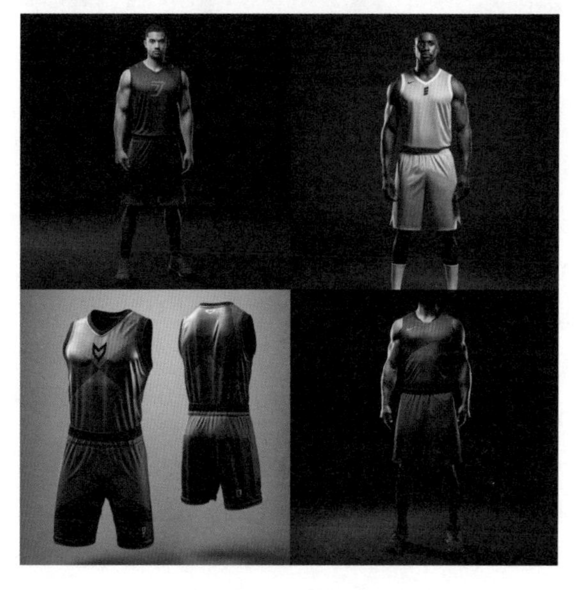

图 13－25　篮球服设计

应用 74：皮带设计

皮带设计（belt design）注重时尚和功能性，设计师在设计过程中需要考虑皮带的风格、材料、宽度、颜色以及扣环的样式。根据皮带的使用情境和穿戴者的个人风格，皮带可以有不同的设计元素，例如镶嵌、绣花、烙印等。

以下是一些常见的皮带类型。

（1）腰带（waist belt）：这是最常见的皮带类型，通常用于将裤子固定在腰部或者作为装饰增加服装的层次感。

（2）皮革带（leather belt）：这种皮带由皮革制成，可以是真皮、人造皮革或者合成皮革。这类皮带通常被认为更正式，常常搭配裤子或裙子。

（3）帆布带（canvas belt）：这种皮带由帆布制成，通常看起来更为休闲，适合搭配牛仔裤或其他休闲裤。

（4）金属腰链（metal waist chain）：这种皮带通常用作装饰，可以单独穿戴，也可以搭配裤子或裙子以增加视觉效果。

（5）宽皮带（wide belt）：这种皮带比常规的皮带宽，通常作为一种强调腰线、增加装饰性的配饰。

（6）男士正装皮带（men's dress belt）：这种皮带通常是黑色或棕色的，有一个简洁的金属扣环，用于男士的正装搭配。

（7）腰封（corset belt）：这种宽带式设计常用于突出女性腰部曲线，起到塑形作用，也能作为服装的一种装饰。

每种皮带都有其独特的用途和风格，皮带设计师应根据需求和目标市场来确定皮带的设计风格和元素。

皮带设计的提示词结构如下：

　　皮带类型＋细节描述＋belt design

运行如下提示词，将得到如图 13－26 所示的图像。

Prompt：canvas belt，military green，red pentagram，belt design

提示词：帆布带，军绿色，红色五角星，皮带设计

图 13－26　帆布带

运行如下提示词，将得到如图 13－27 所示的图像。

图 13－27　男士正装皮带

Prompt：men's dress belt，black belt，metal buckle，fashionable，high quality，belt design

提示词：男士正装皮带，黑色皮带，金属扣环，时尚，高品质，皮带设计

应用 75：帽子设计

帽子设计（hat design）涉及许多元素，包括帽子的形状、材料、颜色、装饰和功能，设计师需要考虑帽子的用途（如防晒、保暖、装饰或身份标识等）以及目标人群（如男性、女性、儿童或特定职业人士等）。

以下是一些常见的帽子类型。

（1）贝雷帽（beret）：源自法国的圆顶帽子，没有帽檐，通常由羊毛或棉等材料制成。

（2）棒球帽（baseball cap）：常用于运动场合，有一个弯曲的帽檐和调节带，可以适应不同的头围。

（3）平顶帽（flat cap）：也称为工人帽，由软布料制成，顶部平直，前部有一小段硬帽檐。

（4）牛仔帽（cowboy hat）：帽顶中间有个凹槽，帽檐宽大，用于防止阳光直射，典型的美国西部风格。

（5）联邦帽（fedora）：软呢帽，顶部有一个长凹槽和横向的压痕，帽檐可以向上或向下翻折。

（6）阿富汗帽（Pakol）：一种源于阿富汗和巴基斯坦的毡帽，边缘可以根据需要向上卷起。

（7）船形帽（side cap/garrison cap）：一种军用帽，被许多国家的军队使用，通常也称为"侧帽"或"折叠军帽"。这种帽子常常作为制服的一部分，它的特点是帽子顶部平直，一边折叠并与帽子融为一体，看起来就像帽子有一个侧边。因其轻便且易于存储而受到军队的喜爱。

（8）贝肯帽（bucket hat）：也称作渔夫帽，一种软棉帽子，带有一个宽而倒转的帽檐。

（9）毛线帽（beanie）：一种没有帽檐的毛线制成的帽子，常常在寒冷的天气中佩戴以保暖。

以上就是一些常见的帽子类型，设计师在设计时需要考虑帽子的用途、风格和目标群体。帽子是一种时尚和实用并重的配饰，可以反映个人的风格和特点。

帽子设计的提示词结构如下：

帽子类型＋细节描述＋风格

运行如下提示词，将得到如图 13－28 所示的图像。

Prompt：beret in various colors

提示词：各种颜色的贝雷帽

图 13－28 贝雷帽

运行如下提示词，将得到如图 13－29 所示的图像。

Prompt：a close-up of a baseball cap on a white background

提示词：白色背景的棒球帽特写

图 13－29　棒球帽

运行如下提示词，将得到如图 13－30 所示的图像。

Prompt：cowboy hat，8K，high detail，ultra realistic

提示词：牛仔帽，8K 分辨率，高细节，超逼真

图 13-30 牛仔帽

应用 76：领带设计

领带设计（tie design）通常包括对领带的形状、颜色、图案和材料的选择。设计师需要考虑领带与服装的搭配以及它应当传达的形象（如专业的、正式的或时尚的）。领带设计可以根据季节或特定的活动进行更改。

以下是一些常见的领带类型。

（1）长领带（long tie）：这是最常见的领带类型，常见于正式场合，如商务会议或正式晚宴。

（2）弓形领结（bow tie）：常用于正式场合，如“黑色领结”活动。弓形领结可以是预先打好的，也可以是需要自己打结的。

（3）窄领带（skinny tie）：窄领带比传统的长领带窄，常用于较为时尚或休闲的场合。

（4）雪纺领带（chiffon tie）：这种领带通常由丝或其他质地轻柔的材料制成，可以在颈部自由地打结。

（5）波洛领带（bolo tie）：这是一种源自美国西部的领带，由一条编织的皮绳和一个装饰性的滑块组成。

（6）蝴蝶结领带（butterfly tie）：蝴蝶结领带实际上是弓形领结的一种，它的形状更宽，更像蝴蝶。

以上就是一些常见的领带类型，设计师在设计时需要考虑领带的用途、风格和目标群体。领带是一种重要的服装配饰，可以反映个人的风格和特点。

领带设计的提示词结构如下：

领带类型＋细节描述＋tie design

运行如下提示词，将得到如图 13－31 所示的图像。

Prompt：various styles of long ties，tie design

提示词：各种类型的长领带，领带设计

运行如下提示词，将得到如图 13－32 所示的图像。

Prompt：various colors of bow ties，tie design

提示词：各种颜色的弓形领结，领带设计

图 13-31　长领带

图 13-32　弓形领结

应用 77：丝巾设计

丝巾可以用于保暖，也可以作为服装的配饰。丝巾设计（scarf design）涉及许多元素，包括丝巾的形状、颜色、图案、材料等。设计师通常需要考虑丝巾的美观性和实用性，并确保其与时尚趋势和目标市场的需求相符。

以下是一些常见的丝巾类型。

（1）长丝巾（long scarf）：这是最常见的丝巾形式，可以围绕颈部或肩部。

（2）方巾（square scarf）：这是一种方形的丝巾，常用于装饰或遮阳。

（3）披肩（shawl）：通常较大，可以覆盖肩部和背部，用于保暖或者作为装饰。

（4）领巾（neckerchief）：较小的方巾，通常围绕颈部佩戴，有时也可用作头巾。

（5）头巾（headscarf）：特意设计的用于头部的丝巾，可用于遮阳、保暖或者装饰。

以上就是一些常见的丝巾类型，设计师在设计丝巾时需要考虑它的用途、风格和目标群体。丝巾是一种非常实用和多样化的配饰，可以反映个人的风格和特点。

丝巾设计的提示词结构如下：

丝巾类型＋细节描述＋scarf design

运行如下提示词，将得到如图 13－33 所示的图像。

Prompt：long silk scarf，Chinese style，scarf design

提示词：长丝巾，中国风，丝巾设计

运行如下提示词，将得到如图 13－34 所示的图像。

Prompt：headscarf，scarf design

提示词：头巾，丝巾设计

图 13 - 33　中国风丝巾

图 13 - 34　头巾

应用 78：鞋子设计

鞋子设计（footwear design）涉及对鞋子的形状、材料、颜色、装饰和功能性等方面的选择。设计师需要考虑鞋子的实用性和舒适性，同时还要注意鞋子的时尚元素和目标市场的需求。

以下是一些常见的鞋子类型。

（1）平底鞋（flats）：没有或只有很低的跟的鞋，通常很舒适，适合日常穿着。

（2）高跟鞋（high heels）：高跟女鞋，增加身高，走路姿态更优雅。

（3）运动鞋（sneakers）：用于运动或者休闲穿着，通常带有厚实的橡胶底和舒适的内衬。

（4）靴子（boots）：通常覆盖脚踝，甚至更高，根据材料、高度和风格可分为很多种类，比如马丁靴（martin boots）、雪地靴（snow boots）和短靴（ankle boots）等。

（5）凉鞋（sandals）：开放式的鞋款，通常有一些带子固定鞋子，适合夏天穿着。

（6）洞洞鞋（crocs）：一种轻便舒适的休闲鞋，由特殊软质材料制成，鞋面上有许多通风孔。

（7）皮鞋（leather shoes）：一种常见的男性正装鞋，也有女性款式，通常由皮革制成，适合正式场合。

以上就是一些常见的鞋子类型，设计师在设计鞋子时需要考虑它的用途、风格和目标群体。鞋子不仅是一种实用的物品，而且可以反映一个人的个性和风格。

鞋子设计的提示词结构如下：

鞋子类型＋细节描述＋footwear design

运行如下提示词，将得到如图 13-35 所示的图像。

Prompt：high heels，Chinese style，footwear design

提示词：高跟鞋，中国风，鞋子设计

图 13-35 中国风高跟鞋

运行如下提示词，将得到如图 13-36 所示的图像。

图 13-36 未来主义鞋款

Prompt：futuristic footwear，inspired by StarCraft，by Nike，footwear design

提示词：灵感来自StarCraft、Nike风格的未来主义鞋款，鞋子设计

应用79：眼镜设计

眼镜设计（eyewear design）涉及眼镜的形状、材料、颜色、装饰、镜框、镜腿和功能等方面的设计。设计师需要考虑眼镜的舒适性、耐用性及其应当适应的视力需求和时尚趋势。

以下是一些常见的眼镜类型。

（1）近视眼镜（myopia glasses）：用于矫正近视的眼镜，镜片为凹面。

（2）远视眼镜（hyperopia glasses）：用于矫正远视的眼镜，镜片为凸面。

（3）老花镜（presbyopia glasses）：用于矫正老花眼的眼镜，镜片为凸面。

（4）防护眼镜（safety glasses）：用于防护工作环境中可能出现的有害颗粒、化学品溅出或者辐射等。

（5）防蓝光眼镜（anti blue light glasses）：这种眼镜的镜片可以过滤部分蓝光，保护眼睛。

（6）太阳镜（sunglasses）：这种眼镜的镜片可以减弱阳光的强度，保护眼睛免受紫外线和强光的伤害。

（7）3D眼镜（3D glasses）：用于观看3D影片或电视的特殊眼镜。

以上就是一些常见的眼镜类型，设计师在设计眼镜时需要考虑它的用途、风格和目标群体。眼镜不仅是视力矫正的工具，而且可以作为装饰品来反映个人的风格和特点。

眼镜设计的提示词结构如下：

眼镜类型＋细节描述＋eyewear design

运行如下提示词，将得到如图13-37所示的图像。

Prompt：various styles of sunglasses，eyewear design

提示词：各种款式的太阳镜，眼镜设计

图 13－37　各种款式的太阳镜

应用 80：包设计

包设计（bag design）涉及包的形状、大小、材质、颜色、装饰、功能等多个方面。设计师需要考虑包的实用性和耐用性及其与目标市场和时尚趋势的匹配度。

以下是一些常见的包类型。

(1) 手提包 (handbag)：这是一种常见的女士包，通常有手柄，可以手提或者挂在手臂上。

(2) 背包 (backpack)：这种包有两条带子，可以背在背上，适合运动、旅行或上学时使用。

(3) 信使包 (messenger bag)：这种包有一条长带子，可以斜挎在身上，通常有一个大的翻盖。

(4) 斜挎包 (crossbody bag)：这种包有一条长带子，可以斜挎在身上，通常比信使包小，更适合日常使用。

(5) 钱包 (wallet)：小型包，用来存放现金、信用卡和其他小物品。

(6) 肩包 (shoulder bag)：这种包有一条或两条带子，可以挂在肩上。

(7) 手拿包/晚宴包 (clutch)：这是一种没有带子的小包，常在正式场合中手拿使用。

(8) 旅行袋 (duffel bag)：这是一种大型包，常用于旅行或运动，内部空间较大，可以存放衣物和其他大件物品。

以上就是一些常见的包类型，设计师在设计包时需要考虑它的用途、风格和目标群体。包不仅是一种实用的物品，而且是一种可以反映个人风格和品味的时尚配饰。

包设计的提示词结构如下：

包类型+细节描述+bag design

运行如下提示词，将得到如图 13-38 所示的图像。

Prompt：handbag，red，brown，abstract pattern，high quality，by Louis Vuitton，bag design

提示词：手提包，红色，棕色，抽象图案，高质量，LV 风格，包设计

运行如下提示词，将得到如图 13-39 所示的图像。

Prompt：various styles of wallets，Korean style，bag design

提示词：各种款式的钱包，韩国风格，包设计

图 13 - 38　手提包

图 13 - 39　各种款式的韩国风格钱包

第 14 章/*Chapter Fourteen*

包装设计

包装设计（packaging design）涉及产品的保护、功能性和品牌传播等多个方面。一款优秀的包装设计不仅能保护产品，使其在运输和存储过程中不受损害，而且能引导消费者购买，提高产品的市场占有率。

如今，Midjourney 的“龙卷风”已经席卷了包装界。以前，设计团队可能需要花费一个星期的时间来完成一个包装提案。现在，借助 Midjourney，相同的工作在几小时内就可以完成。这使得企业能够更快地响应市场变化，更迅速地推出新产品。

使用 Midjourney 进行包装设计有如下多个优点。

（1）设计独特：Midjourney 可以生成反映品牌特色的独一无二的设计，使包装在市场中独树一帜。其精湛细节使艺术品可用作广告图像。

（2）节省时间与成本：Midjourney 的自动化设计不仅节省了时间，而且降低了手动设计的成本。其创造的艺术形式充满想象力，简化了整个设计过程。

（3）个性定制：Midjourney 允许通过特定参数、设置和细节（如配色方案和字体样式）来定制设计，保证与品牌形象一致。

使用 Midjourney 进行包装设计时，需要遵循一些原则才能设计出兼具美感和实用性的包装，帮助设计师的品牌在众多货架中脱颖而出，赢

得顾客青睐。

（1）使用高质量的图像：包装上的图像和照片质量直接决定了整体外观效果。通过参数设置可使 Midjourney 生成高分辨率的图像，让包装展示出专业、精致的视觉效果。

（2）选择合适的配色方案：包装的颜色会影响客户对品牌和产品的感知，设计师可以借助 Midjourney 尝试多种配色，寻找最能体现品牌和产品特性的配色方案。

（3）保持简约和极简主义：在快节奏的现代生活中，简洁明了的包装设计更能吸引客户。使用 Midjourney 可以打造干净、精简的包装设计，直接明了地传递核心信息。

（4）个性化包装：随着个性化趋势的增强，客户更倾向于独特、贴合需求的产品，Midjourney 可为目标群体打造专属的、个性化的包装设计。

（5）展示品牌身份：包装是品牌身份的重要展示窗口以及与竞争对手差异化的关键所在，借助 Midjourney 可让包装和艺术作品成为品牌故事、价值和特性的生动体现。

（6）尝试不同的滤镜：Midjourney 提供了丰富的滤镜选择以便为包装设计增添独特魅力。可以多尝试几次，找到最契合品牌和产品的滤镜效果。

（7）有效使用排版：排版在包装设计中能发挥不可小觑的作用，通过精选合适的字体以凸显产品名称、成分等关键信息，可以进一步提升包装的整体效果。

（8）考虑产品形状：使用 Midjourney 进行包装设计时，产品的形状不容忽视。量身打造的包装设计不仅能贴合产品，而且能增强视觉吸引力。

（9）保持一致性：在包装设计中，颜色、排版和图像的一致性至关重要，统一的设计风格有助于塑造连贯、一致的品牌形象。

（10）使用模拟效果：模拟效果可让设计师在生产前就预览包装效果。通过 Midjourney 模拟设计图案，可以提前感受现实中包装的外观。

包装设计的提示词结构如下：

packaging design＋包装产品＋包装材料＋包装形式＋画面描述＋设计风格＋参数

（1）packaging design：这是做包装设计的关键词。

（2）包装产品：指定要做什么产品的包装设计。

（3）包装材料：包装所使用的材料，包括金属、塑料、玻璃、陶瓷、纸、麻布、竹本、天然纤维、化学纤维、复合材料等。

（4）包装形式：常见的包装形式有包装纸、袋、盒、瓶、罐、管、听、筒等。

（5）画面描述：描述希望包装呈现出的画面内容。

（6）设计风格：设计风格类型众多，可以是特定设计师或艺术家的风格等，风格的描述对于画面的影响显著，不同风格给人的视觉冲击力也大不相同。

（7）参数：通过参数可对设计质量、尺寸、变化样式等进行调整。

通过以上提示词结构的灵活组合使用，我们可以轻松进行各类产品的包装设计。

应用 81：饮品包装设计

Midjourney 可以为饮品（如汽水罐和瓶装饮料）创建出色的包装设计。通过使用 Midjourney 的 AI 功能，设计师可以尝试许多不同的风格、配色方案、排版和图像，创建独特且引人注目的设计，使产品在货架上脱颖而出。

通过使用 Midjourney 的 AI 功能，设计师可以探索多种风格，包括现代、复古、极简或特定品牌的主题风格。配色方案可以根据产品的口味、

季节或目标受众进行调整，例如，柑橘口味的饮品可能会采用鲜艳的橙色和黄色，而夏季特饮可能会采用清新的蓝色和绿色。

Midjourney 还允许设计师与图像和艺术元素互动，通过图像识别和风格迁移等技术创建独特的视觉效果。借助 Midjourney，这些设计不仅可以适应不同大小和形状的容器，而且可以考虑打印和生产时的实际限制。

总而言之，Midjourney 以其灵活的设计选项和人工智能能力为饮品行业的包装设计提供了出色的解决方案，打开了新的可能性，促使品牌在竞争激烈的市场环境中创造出引人注目的包装，从而吸引更多消费者的注意力。

运行如下提示词，将得到如图 14－1 所示的图像。

Prompt：packaging design，milk packaging

提示词：包装设计，牛奶包装

图 14－1　牛奶包装

运行如下提示词，将得到如图 14－2 所示的图像。

Prompt：packaging design，cola packaging，glass bottle

提示词：包装设计，可乐包装，玻璃瓶

图 14－2　可乐包装

运行如下提示词，将得到如图 14－3 所示的图像。

Prompt：packaging design，orange juice packaging --style raw --s 750

提示词：包装设计，橘子汁包装

为包装添加材料、包装画面和风格，比如，运行如下提示词，将得到如图 14－4 所示的图像。

Prompt：packaging design，orange juice packaging，paper box，orange-themed label，bright，in the style of Picasso

提示词：包装设计，橘子汁包装，纸盒，橙色主题标签，明亮，毕加索绘画风格

图 14－3　橘子汁包装

图 14－4　毕加索风格的橘子汁纸质包装

应用 82：零食包装设计

Midjourney 不仅可以用于饮品的包装设计，而且可以为零食产品（如薯片和糖果）塑造别致的外观。使用 Midjourney，设计师能够创造出充满活力、色彩缤纷的包装。这些设计不仅运用了大胆的排版技巧，而且融入了富有吸引力的图像元素，旨在引起客户的兴趣和购买欲望。这种新颖和富有创意的包装设计为零食产品增添了更多市场竞争力和吸引力。

继续使用前文的提示词结构，展示一些零食包装设计示例。

运行如下提示词，将得到如图 14－5 所示的图像。

Prompt：packaging design，chocolate packaging，paper box，modern style，young，healthy，simple

提示词：包装设计，巧克力包装，纸盒，现代风格，年轻，健康，简单

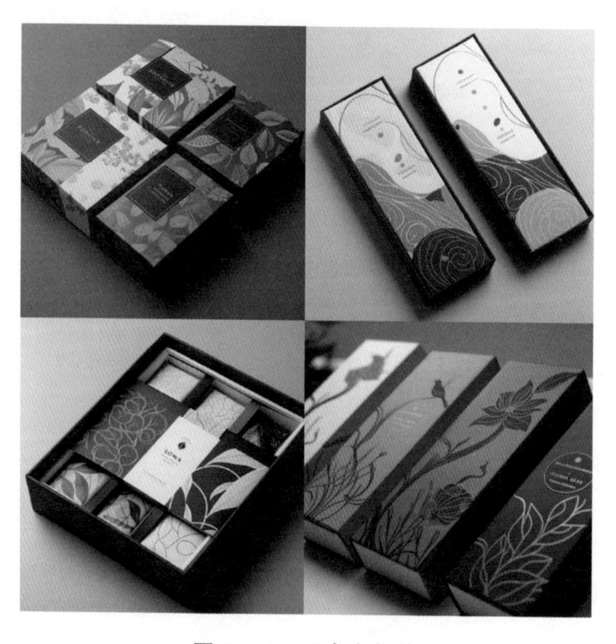

图 14－5　巧克力包装

运行如下提示词，将得到如图 14－6 所示的图像。

Prompt：packaging design，popcorn packaging，snacks，rabbit-shaped，white background

提示词：包装设计，爆米花包装，零食，兔子形状，白色背景

图 14－6　爆米花包装

运行如下提示词，将得到如图 14－7 所示的图像。

Prompt：packaging design，biscuit packaging，snacks，lovely Kungfu panda eating biscuit，Chinese style

提示词：包装设计，饼干包装，零食，可爱的功夫熊猫吃饼干，中国风

运行如下提示词，将得到如图 14－8 所示的图像。

Prompt：packaging design，potato chip packaging，snacks，the cutest kid snack packaging in the world

提示词：包装设计，薯片包装，零食，世界上最可爱的儿童零食包装

图 14 - 7　饼干包装

图 14 - 8　薯片包装

应用 83：食物包装设计

Midjourney 能够为各种食品创建精致的包装设计，包括速冻食品、速食和调味品等。借助 Midjourney 的人工智能技术，设计师可以打造既实用又具有视觉美感的食品包装设计。这些设计融合了清晰简洁的产品信息与引人入胜的图像展示，不仅能引起消费者的购买欲望，而且在视觉上突出了产品的特色和品质，有利于产品在竞争激烈的市场中胜出。

运行如下提示词，将得到如图 14－9 所示的图像。

Prompt：packaging design，instant noodles packaging，a bowl of steaming noodles，square plastic bag

提示词：包装设计，方便面包装，一碗热气腾腾的面，正方形塑料袋

图 14－9　方便面包装

运行如下提示词，将得到如图 14－10 所示的图像。

Prompt：packaging design，rice bag，made of sackcloth，Chinese style

提示词：包装设计，大米袋子，粗麻布制成，中国风

图 14－10　大米包装

运行如下提示词，将得到如图 14－11 所示的图像。

Prompt：packaging design，salt packaging，plastic bag，white background

提示词：包装设计，盐包装，塑料袋，白色背景

图 14－11　盐包装

应用 84：药品包装设计

对于成年人来说，药品包装应该呈现一种优雅且清晰明确的风格，这样可以确保成年患者对药品的所有治疗功能、使用方法和治愈效果都非常清楚。而对于儿童药品，其包装设计通常会包括儿童友好的元素，如婴儿或卡通图像，以传达该药物是专门为儿童设计的。在颜色的选择上，设计师往往也会添加一些柔和而微妙的色彩，以便传递温暖和呵护。

例如，对于片剂、胶囊或糖浆产品的包装，设计上应该追求能给患者带来舒缓和安心的效果。因为药物本身具有治疗作用，其包装也应与其功能相辅相成，通过细致的视觉呈现传递药品的疗效和对患者的关怀。这不仅有助于凸显产品的专业性和可信度，而且能在患者心中树立起积极的形象，使他们对治疗过程充满信心。总的来说，无论是成人药品还是儿童药品，其包装设计都应该以人性化、合理化为出发点，结合目标人群的特

点，设计出既实用又具视觉吸引力的包装。

运行如下提示词，将得到如图 14－12 所示的图像。

Prompt：packaging design，pharmaceutical packaging，anti-cold drug packaging，white background

提示词：包装设计，药品包装，抗感冒药包装，白色背景

图 14－12　抗感冒药包装

运行如下提示词，将得到如图 14－13 所示的图像。

Prompt：packaging design，pharmaceutical packaging，children's cough syrup packaging，plastic bottle，child care theme，orange background

提示词：包装设计，药品包装，儿童止咳糖浆包装，塑料瓶，儿童关爱主题，橙色背景

运行如下提示词，将得到如图 14－14 所示的图像。

Prompt：packaging design，pharmaceutical packaging，anti virus mask packaging，Chinese red

提示词：包装设计，药品包装，抗病毒口罩包装，中国红

图 14 - 13　儿童止咳糖浆包装

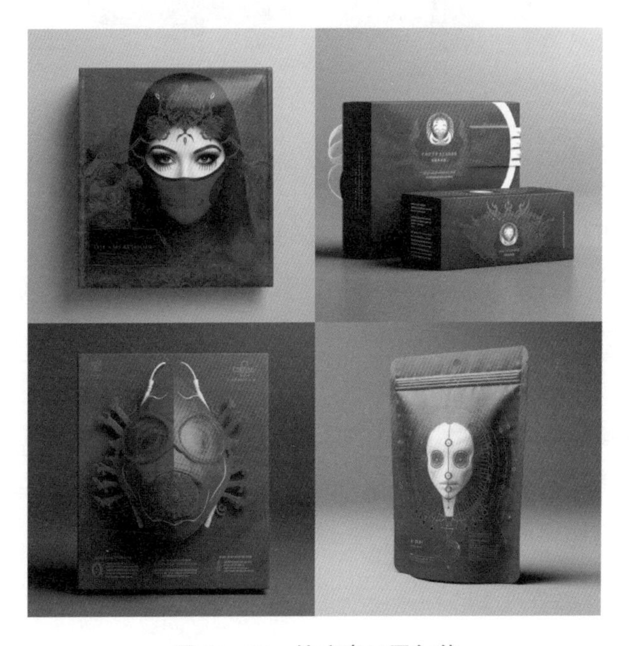

图 14 - 14　抗病毒口罩包装

应用 85：美容产品包装设计

Midjourney 可用于为美容产品（如护肤品和化妆品）设计包装。通过使用 Midjourney，设计师能够打造出典雅、极简主义的包装设计，通过采用干净的排版和高质量的产品图像，传递奢华和精致的感觉。这样的设计不仅展示了产品的优雅特质，而且能引起消费者对高品质生活的向往，使产品在市场中更加引人注目。

运行如下提示词，将得到如图 14－15 所示的图像。

Prompt：packaging design，beauty product packaging，lipstick packaging，cuboid paper box，traditional Chinese style

提示词：包装设计，美容产品包装，口红包装，长方体纸盒，传统中式风格

图 14－15　口红包装

运行如下提示词，将得到如图 14－16 所示的图像。

Prompt：packaging design，beauty product packaging，facial mask packaging，plastic bag，pure and fresh，maintain beauty and keep young

提示词：包装设计，美容产品包装，面膜包装，塑料袋，清新，美容养颜

图 14－16　面膜包装

运行如下提示词，将得到如图 14－17 所示的图像。

Prompt：packaging design，beauty product packaging，various perfume bottles

提示词：包装设计，美容产品包装，各种香水瓶

图 14-17　香水瓶

应用 86：手机壳设计

Midjourney 可帮助用户创建最独特、最引人注目的手机壳设计。这些视觉上吸引人的手机壳设计可以适应各种手机型号，并且迎合不同的品味和喜好。无论极简主义的外观还是复杂的图案，Midjourney 都能满足用户的需求。只需输入简单的提示词，Midjourney 便可按照给出的审美喜好和需求，打造出专属于你自己的手机壳设计，让你的手机与众不同并彰显个人风采。

手机壳设计的提示词结构如下：

cell phone case design＋画面内容描述＋风格＋参数

运行如下提示词，将得到如图 14－18 所示的图像。

Prompt：cell phone case design，rainbow and sunflower，simple style

提示词：手机壳设计，彩虹与向日葵，简约风格

图 14－18　彩虹与向日葵手机壳

运行如下提示词，将得到如图 14－19 所示的图像。

Prompt：cell phone case design，Christmas theme

提示词：手机壳设计，圣诞节主题

运行如下提示词，将得到如图 14－20 所示的图像。

Prompt：cell phone case design，transparent，simple

提示词：手机壳设计，透明色，简洁

图 14-19　圣诞节主题手机壳

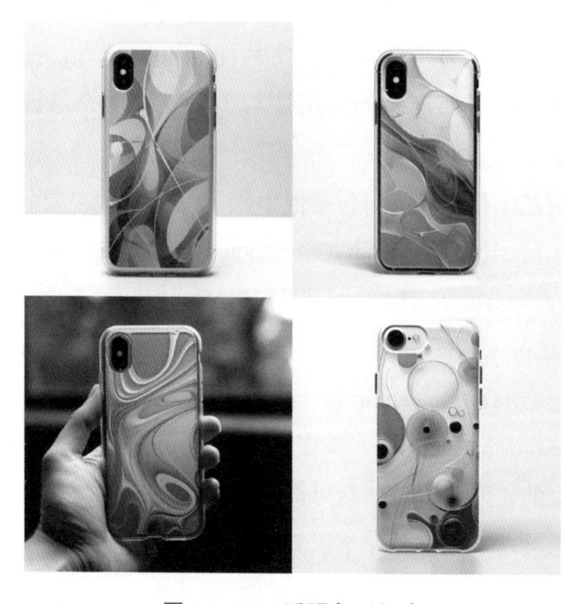

图 14-20　透明色手机壳

第 15 章/*Chapter Fifteen*

工业设计

工业设计（industrial design），又称工业产品设计学，是一个跨学科的综合领域，集合了心理学、社会学、美学、人机工程学、机械构造、摄影、色彩学、方法学等多个方面。这一学科不仅致力于工业产品的美化，而且关注其功能性，以实现产品的整体优化和提升。工业设计的主要目标在于增强产品的功能、外形、使用的便利性和审美魅力，提升产品在市场中的竞争力。工业设计将产品的实用性与美感完美融合，旨在满足人们的实际需求和审美追求。

工业设计的范围相当广泛，包括但不限于以下几个主要领域：家具设计（furniture design）、电子产品设计（electronic product design）、医疗器械设计（medical device design）、工具与设备设计（tools and equipment design）、交通工具设计（transportation design）、时尚与服饰设计（fashion and apparel design）、环境与空间设计（environmental and spatial design）、工艺与传统设计（craft and traditional design）、陶瓷设计（ceramics design）等。这些领域并不是互相孤立的，许多设计项目可能涉及多个领域的交叉和融合。有些设计前面已经介绍过，下面主要介绍家具设计、电子产品设计、交通工具设计和陶瓷设计。

应用87：家具设计

家具设计是工业设计的一个分支，主要集中于家具产品的功能、结构、形式、材料和工艺等方面的创造和改进。家具设计旨在创造符合人体工程学、美观、实用且可持续生产的家具。随着现代社会生活方式的变化，家具设计也日益丰富和多元化。

根据不同的标准和需求，家具设计可分为以下几类。

（1）居家家具设计（residential furniture design）：主要设计居家使用的各类家具，如沙发、床、餐桌、椅子等。

（2）办公家具设计（office furniture design）：针对办公环境的家具设计，如办公桌、会议桌、办公椅等。

（3）商业与公共空间家具设计（commercial and public space furniture design）：设计用于商场、酒店、医院、学校等公共场所的家具。

（4）户外家具设计（outdoor furniture design）：针对户外环境的家具设计，如户外座椅、遮阳伞、躺椅等。

（5）特殊用途家具设计（special purpose furniture design）：满足特殊需求的家具设计，如儿童家具、残疾人家具等。

（6）可持续与环保家具设计（sustainable and eco-friendly furniture design）：重视可持续性和环保材料使用的家具设计。

（7）定制与艺术家具设计（custom and artistic furniture design）：提供个性化定制或具有艺术价值的高端家具设计。

现代家具设计不仅关注功能和美学，而且强调人体工程学、材料创新、生产工艺和可持续发展等方面。随着消费者对生活品质和个性化的需求提高，家具设计也在不断朝多元化和个性化的方向发展。

家具设计的提示词结构如下：

家具类型＋材料＋结构＋风格

运行如下提示词，将得到如图 15－1 所示的图像。

Prompt：chair design，a colorful egg chair，in the style of Esteban Vicente，high tonal range，Cloisonnism

提示词：椅子设计，彩色蛋椅，采用 Esteban Vicente（美国抽象主义艺术家）风格，高色调范围，景泰蓝主义

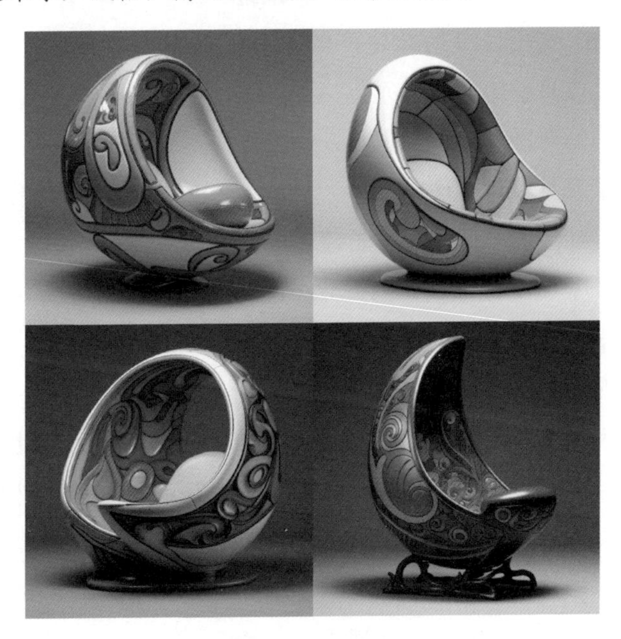

图 15－1　彩色蛋椅

运行如下提示词，将得到如图 15－2 所示的图像。

Prompt：sofa table design，postmodern design，geometric shape，photorealistic materials，fluo colors

提示词：沙发桌设计，后现代设计，几何形状，逼真的材料，荧光色

运行如下提示词，将得到如图 15－3 所示的图像。

Prompt：bed design，double bed，sandalwood，Chinese style

提示词：床设计，双人床，檀香木，中式风格

图 15－2　沙发桌

图 15－3　中式双人床

应用 88：电子产品设计

电子产品设计是工业设计领域的一个重要分支，专注于电子设备和系统的设计与开发。这一领域不仅涵盖了产品的外观和结构设计，还涉及用户界面、交互体验、功能布局、散热、电路设计等诸多因素。电子产品设计要求设计师具备跨学科知识，如工程学、人机交互、材料科学等，并且兼顾产品的实用性、美观性、可生产性和可持续性。

电子产品的分类如下：

（1）消费电子产品（consumer electronics）。

1）手机与平板（mobile phones and tablets）。

2）个人电脑和笔记本（personal computers and laptops）。

3）音响与耳机（audio devices and headphones）。

4）智能穿戴设备（smart wearable devices）。

5）家庭娱乐系统（home entertainment systems）。

（2）办公电子产品（office electronics）。

1）打印机和扫描仪（printers and scanners）。

2）投影设备（projectors）。

3）电话和传真机（telephones and fax machines）。

（3）医疗电子产品（medical electronics）。

1）医学成像设备（medical imaging devices）。

2）生命监测设备（life monitoring devices）。

3）便携式诊断设备（portable diagnostic devices）。

（4）工业电子产品（industrial electronics）。

1）工业控制系统（industrial control systems）。

2）工业机器人（industrial robots）。

3）测量和检测设备（measurement and testing equipment）。

(5) 汽车电子产品（automotive electronics）。

1) 汽车导航和娱乐系统（automotive navigation and entertainment systems）。

2) 汽车安全和控制系统（automotive safety and control systems）。

(6) 通信电子产品（communication electronics）。

1) 移动通信设备（mobile communication devices）。

2) 网络设备（networking equipment）。

3) 卫星通信设备（satellite communication devices）。

电子产品设计的过程通常涉及多个阶段，从市场调研、需求分析、概念设计、详细设计、原型测试到最终生产和市场推广。设计师需要与工程师、营销人员、生产团队等紧密合作，确保产品符合市场需求、技术标准和法规要求，同时兼顾成本控制和进度管理。这一复杂过程旨在创造出既实用又美观的电子产品，满足不同用户群体的多样化需求。而使用 Midjourney 辅助电子产品设计将最大限度地缩短设计时间，降低设计成本。

电子产品设计的提示词结构如下：

electronic product design＋产品名称＋设计细节

运行如下提示词，将得到如图 15-4 所示的图像。

Prompt：electronic product design，computer mouse，gaming，design sketch，Photoshop，realistic，4K

提示词：电子产品设计，电脑鼠标，游戏，设计草图，Photoshop，逼真，4K 分辨率

运行如下提示词，将得到如图 15-5 所示的图像。

Prompt：electronic product design，keyboard，4K

提示词：电子产品设计，键盘，4K 分辨率

运行如下提示词，将得到如图 15-6 所示的图像。

Prompt：electronic product design，various styles of headphones

提示词：电子产品设计，各种头戴式耳机

图 15 - 4　电脑鼠标

图 15 - 5　键盘

图 15－6　头戴式耳机

应用 89：交通工具设计

交通工具设计是工业设计的一个关键领域，专注于各种移动工具和运输设施的设计。这一领域不仅涉及交通工具外观、结构和功能的设计，而且包括人机工程学、安全考量、环境可持续性、法规遵从等复杂因素。交通工具设计要求设计师综合考虑技术、美学、人的因素和商业需求，创造出实用、安全、美观且富有创意的产品。

交通工具的主要分类如下：

（1）公路交通工具设计（road transportation design）。

1）汽车设计（automotive design）：包括轿车、SUV、卡车等。

2）摩托车设计（motorcycle design）。

3）自行车设计（bicycle design）：包括山地车、公路赛自行车等。

（2）铁路交通工具设计（rail transportation design）。

1）火车设计（train design）：包括高铁、地铁、轻轨等。

2）有轨电车设计（tram design）。

（3）航空交通工具设计（air transportation design）。

1）民航飞机设计（commercial aircraft design）。

2）私人飞机设计（private aircraft design）。

3）直升机设计（helicopter design）。

4）无人机设计（drone design）。

（4）水上交通工具设计（water transportation design）。

1）游艇设计（yacht design）。

2）货船设计（cargo ship design）。

3）客船设计（passenger ship design）。

4）潜艇设计（submarine design）。

（5）太空交通工具设计（space transportation design）。

1）载人宇宙飞船设计（manned spacecraft design）。

2）卫星和探测器设计（satellite and probe design）。

交通工具设计的过程一般从概念草图开始，通过多次迭代和原型测试，逐渐细化到最终产品的设计。设计师需与工程师、制造商、营销团队等多方合作，确保设计方案可行且符合法规标准。此外，现代交通工具设计越来越强调环保和能源效率以及与智能交通系统的整合，以应对未来交通发展的挑战和机遇。

交通工具设计的提示词结构如下：

产品名称＋细节描述

运行如下提示词，将得到如图 15－7 所示的图像。

Prompt：motorcycle design，dirt bike，photo realistic，4K

提示词：摩托车设计，越野摩托车，照片逼真，4K 分辨率

运行如下提示词，将得到如图 15－8 所示的图像。

图 15 - 7　越野摩托车

图 15 - 8　公路赛自行车

Prompt：bike design，road race bike，photo realistic，Chinese red

提示词：自行车设计，公路赛自行车，照片逼真，中国红

运行如下提示词，将得到如图 15－9 所示的图像。

Prompt：electronic product design，drone design，photographic photo

提示词：电子产品设计，无人机设计，摄影照片

图 15－9　无人机

应用 90：陶瓷设计

陶瓷设计是使用陶土、瓷土等原料，通过塑造、装饰、烧制等工艺创造出实用或装饰性的陶瓷作品。陶瓷设计不仅是一种古老的手工艺，而且是现代工业和艺术领域的重要组成部分。设计师需要考虑材料的性质、工

艺技巧、美学表现以及功能需求等因素，将想法转化为有形的作品。

陶瓷设计的主要分类如下：

（1）实用陶瓷设计（functional ceramics design）。

1）餐具设计（dinnerware design）：如盘子、碗、杯子等。

2）卫生洁具设计（sanitary ware design）：如洗手池、马桶等。

3）家居装饰设计（home decor design）：如花瓶、灯罩等。

（2）艺术陶瓷设计（artistic ceramics design）。

1）雕塑设计（sculpture design）：包括抽象或具象的艺术创作。

2）壁画设计（mural design）：如陶瓷砖组成的壁画。

3）艺术装置设计（art installation design）：结合空间和场景创造的装置艺术。

（3）工艺陶瓷设计（craft ceramics design）。

1）传统陶瓷设计（traditional ceramics design）：延续和发展各地区的传统工艺。

2）收藏级陶瓷设计（collectible ceramics design）：独特的手工艺品，强调艺术价值。

（4）工业陶瓷设计（industrial ceramics design）。

1）电子元件设计（electronic component design）：如电容器、绝缘体等。

2）结构陶瓷设计（structural ceramics design）：如耐磨、耐高温的工业部件。

（5）特殊陶瓷设计（specialized ceramics design）。

1）医疗陶瓷设计（medical ceramics design）：如人工关节、牙科材料等。

2）生态陶瓷设计（eco-friendly ceramics design）：如节能、可降解的产品设计。

陶瓷设计的过程通常包括素材选择、造型设计、装饰工艺、烧制技巧

等方面。设计师需要对材料和工艺深入了解，以便将设计理念转化为实际作品。随着科技的进步，许多传统工艺也与现代技术结合（如 3D 打印陶瓷），为陶瓷设计提供了更多的可能性和创新空间。

陶瓷设计的提示词结构如下：

ceramics design＋主体＋材料＋造型＋图案＋釉料

（1）主体：陶瓷设计的具体物体。

（2）材料：陶土是陶瓷设计最基本的材料，有各种不同类型，可以根据需求和艺术效果选择：1）高岭土：主要用于制作陶瓷，白色，细腻，透明度高；2）赤陶土：主要用于赤陶，红褐色，质地较粗；3）瓷土：用于陶瓷制造，可以添加不同的矿物质来改变颜色和质感；4）混合土：由不同种类的陶土混合而成，具有特殊的质地和颜色。

（3）造型：造型设计首先要考虑陶瓷的功能用途，然后追求审美效果。可以使用手工或机械手法塑型，如拉坯、模具浇注、3D 打印等，结合传统工艺和现代技术，创造出独特且引人注目的造型。

（4）图案：图案设计通常与整体设计主题和风格相协调。可以使用印花、镌刻、绘画等方法来装饰，图案的色彩应和谐，并与釉料的色彩相协调。

（5）釉料：釉料的选择会影响陶瓷的光泽、色彩、纹理等。釉料的种类多样：1）透明釉：透明，使陶瓷表面光滑亮丽；2）哑光釉：表面不透明且无光泽；3）有色釉：含有色素，可以呈现出各种颜色；4）特效釉：例如开片釉、结晶釉等，能产生特殊的视觉效果。

运行如下提示词，将得到如图 15－10 所示的图像。

Prompt：ceramics design，ceramics swan

提示词：陶瓷设计，陶瓷天鹅

运行如下提示词，将得到如图 15－11 所示的图像。

Prompt：ceramics design，tea cup，blue and white ceramics

提示词：陶瓷设计，茶杯，青花瓷

图 15 - 10　陶瓷天鹅

图 15 - 11　青花瓷茶杯

运行如下提示词，将得到如图 15－12 所示的图像。

Prompt：ceramics design，bone china plate，fish，transparent glaze

提示词：陶瓷设计，骨瓷盘子，鱼，透明釉

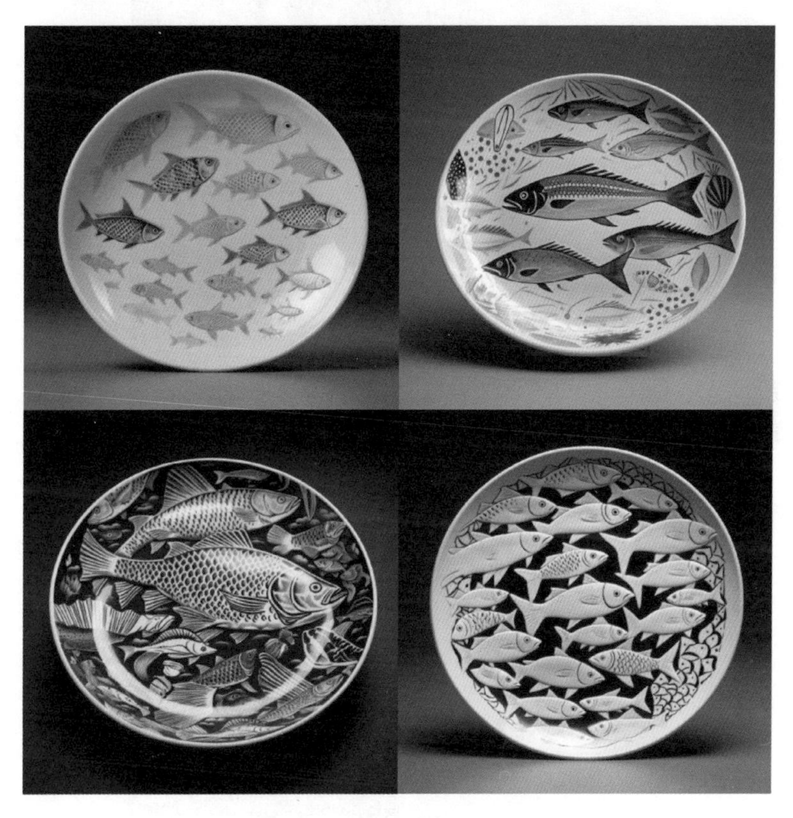

图 15－12　带有鱼图案的骨瓷盘子

运行如下提示词，将得到如图 15－13 所示的图像。

Prompt：ceramics design，a colorful bowl，in the style of highly detailed foliage，bold primary colors，intricately textured，colorful kitsch，detailed engraving

提示词：陶瓷设计，一个彩色的碗，高度细致的树叶风格，大胆的原色，错综复杂的纹理，色彩媚俗，雕刻细致

图 15 - 13　雕刻花纹的彩色碗

第 16 章/*Chapter Sixteen*

摄影技术

Midjourney 作为一种先进的 AI 文生图工具，可以协助摄影师实现多种拍摄技巧和特效。在现代摄影领域中，技术的不断进步已经将摄影推向了新的高度。下面，我们将探讨一些通过 Midjourney 实现的技术和特效。

（1）双重曝光（double exposure）：双重曝光是一种将两个不同的图像合并在一个画面中的技术。通过 Midjourney 的先进算法，摄影师可以轻松实现双重曝光，创造出富有视觉冲击力的图像。这种技术可以用于故事叙述或者表达摄影主题的复杂性。

（2）移轴特效（tilt-shift effect）：移轴特效是一种将现实场景拍摄成微缩模型的技术。Midjourney 的移轴特效工具可以让摄影师在不使用昂贵的移轴镜头的情况下实现这种令人惊叹的视觉效果。这种技术广泛应用于城市风光和人群摄影。

（3）超微距摄影（super macro photography）：超微距摄影是一种捕捉极小物体细节的摄影技巧。通过 Midjourney，摄影师可以更精确地控制焦距和光线，揭示自然界中微观世界的壮丽风采。

（4）鱼眼镜头效果（fisheye lens effect）：鱼眼镜头可以产生一种极度扭曲的视觉效果，仿佛通过鱼眼观察世界。Midjourney 可以模拟这种效果，为摄影师提供一种全新的视觉语言。

（5）合成波特效（synthwave）：合成波是一种通过合成多个波形来创建动态视觉效果的技术。Midjourney的强大算法可以实现水波、光波等自然现象的视觉再现，增强图像的动态感。

（6）宝丽来照片效果（Polaroid photo effect）：宝丽来照片以其独特的复古风格受到许多人的喜爱。Midjourney可以模拟这种效果，让摄影师在数字时代重温胶片时代的魅力。

Midjourney作为一款强大的图像生成工具，为摄影师提供了无限的创作空间。从复杂的双重曝光到别致的鱼眼镜头效果，再到精致的超微距摄影，Midjourney都能让摄影师轻松实现。这些工具和效果不仅增强了艺术表现力，而且极大地拓宽了摄影师的创作范围。在技术与艺术的完美结合下，Midjourney成为当代摄影师的得力助手。

应用91：双重曝光

双重曝光是一种将两个或多个不同的图像合并在一个画面中，创造出一种新颖、富有意境的视觉效果的技术。这种技术在胶片摄影时代就已经出现，又在数字摄影中得到了新的生命。

在Midjourney平台中，双重曝光不再是一个复杂的过程。用户通过提示词描述不同的场景，系统会智能分析并将它们融合在一起，创建出富有深度和层次感的新图像。

下面是一些应用实例。

• 故事叙述：合成与主题相关的图像提示词，讲述复杂、有深度的故事。

• 情感表达：双重曝光可以表达混合交织的情感，如爱情、悲伤、回忆等。

• 商业广告：许多品牌使用双重曝光来创建引人注目的广告，将产品与品牌形象完美结合。

• 艺术创作：许多艺术家使用双重曝光来创造独特的视觉艺术作品，探索视觉艺术的新领域。

Midjourney 通过其强大的 AI 技术和智能工具让双重曝光这一传统摄影技术再次焕发新的活力。无论初学者还是专业摄影师，都可以利用 Midjourney 轻松实现双重曝光效果且无需复杂的后期处理。

双重曝光不仅仅是一种摄影技巧，更是一种艺术表达方式。它打破了单一图像的限制，将不同的图像、意象和情感融合在一起，为观众呈现出一种超越现实的视觉体验。借助 Midjourney，每个人都可以尝试双重曝光技术，以此来探索自己的创造力，挖掘摄影的无限潜能。

双重曝光的提示词结构如下：

double exposure＋主题 & 场景

运行如下提示词，将得到如图 16－1 所示的图像。

Prompt：double exposure wolf & wild forest

提示词：双重曝光的狼与野生森林

图 16－1 双重曝光的狼与野生森林

运行如下提示词，将得到如图 16－2 所示的图像。

Prompt：double exposure bison & great plains

提示词：双重曝光的野牛与大平原

图 16－2　双重曝光的野牛与大平原

运行如下提示词，将得到如图 16－3 所示的图像。

Prompt：double exposure elephant & wild forest，natural scenery，watercolor art

提示词：双重曝光的大象与野生森林，自然风光，水彩艺术

图 16－3　双重曝光的大象与野生森林

应用 92：移轴特效

移轴特效是一种模拟小型模型效果的摄影技巧，通过控制镜头的焦点和角度，可以使真实世界的景物看起来就像微缩模型一样。这种效果在建筑摄影、风景摄影甚至人物摄影中都有广泛的应用。

Midjourney 通过其内置的 AI 技术和工具使移轴特效的实现变得简单且直观，用户无需复杂的摄影设备或后期处理技巧就可以轻松实现移轴特效。

以下是移轴特效在 Midjourney 中的一些关键特性和应用实例。

（1）易用性：在 Midjourney 中，实现移轴特效只需输入提示词，就可以轻松创建出专业级的效果。

（2）灵活性：不同于传统的移轴镜头，Midjourney 提供了更大的灵活

性，允许用户通过提示词对特效进行精细调整以符合不同场景和主题的需求。

（3）创意表达：通过移轴特效，摄影师可以探索新的视觉语言和创意表达，例如，可以通过特效强调建筑的线条美或者将城市风景转化为迷人的微缩模型。

（4）商业应用：移轴特效在广告和商业摄影中也有广泛的应用，许多品牌和公司使用该特效来创造独特和引人注目的图像以增强产品的视觉吸引力。

（5）艺术创作：许多艺术家和摄影师使用移轴特效来创造别具一格的艺术作品。通过该特效，他们可以挑战现实与幻想之间的界限，探索视觉的新维度。

Midjourney 的移轴特效开启了摄影创作的新可能。它消除了技术壁垒，让更多人可以轻松尝试和掌握这一独特的摄影技巧。无论用于商业宣传还是纯粹的艺术创作，移轴特效都为摄影师提供了一种全新的视觉表达方式。

借助 Midjourney，移轴特效不再是专业摄影师的专利，任何对摄影感兴趣的人都可以轻松探索和实现这一令人着迷的视觉效果，开启摄影创作的新篇章。

移轴特效的提示词结构如下：

主题/场景＋tilt-shift

运行如下提示词，将得到如图 16－4 所示的图像。

Prompt：Times Square，tilt-shift

提示词：时代广场，移轴特效

运行如下提示词，将得到如图 16－5 所示的图像。

Prompt：the Imperial Palace，tilt-shift

提示词：故宫，移轴特效

运行如下提示词，将得到如图 16－6 所示的图像。

图 16 - 4　时代广场移轴特效

图 16 - 5　故宫移轴特效

Prompt：tilt-shift of a volcano erupting with magma rocks flying into the air

提示词：火山喷发时岩浆岩飞向空中的移轴特效

图 16－6　火山喷发移轴特效

应用 93：超微距摄影

超微距摄影是一种能够捕捉极小物体细节的摄影技术。与常规微距摄影不同，超微距摄影的放大倍数通常在 1∶1 以上，有时甚至可达 10∶1 或更高，使得摄影师能够捕捉到目标物体的微小细节，例如昆虫的复眼、花瓣上的露珠等。

无需昂贵和复杂的专业设备，Midjourney 通过先进的 AI 算法和数字处理技术，为用户提供了一种简易的途径来实现超微距摄影效果。以下是在 Midjourney 中实现超微距摄影的一些关键特性和功能。

（1）无限放大：Midjourney 允许用户无限放大图像的特定部分而不会有损图像的质量或清晰度，这为捕捉微小细节提供了极大的便利。

（2）虚化控制：在超微距摄影中，深度场通常非常浅。Midjourney 提供了虚化控制工具，让摄影师能够精确地控制哪些部分保持清晰，哪些部分保持模糊。

（3）光线和阴影调整：超微距摄影对光线和阴影的控制有严格的要求。Midjourney 的灯光调整工具允许用户模拟各种光源，创造理想的光线效果。

（4）颜色和对比度管理：Midjourney 提供了强大的颜色和对比度调整工具，帮助摄影师强调图像中的细微差别，使图像更加生动。

（5）与其他特效结合：在 Midjourney 中，超微距摄影可以与其他特效和工具结合使用，如色彩校正、滤镜应用等，从而增加创作的多样性和自由度。

Midjourney 让超微距摄影变得触手可及，无论专业摄影师寻求新的创作手段，还是摄影爱好者希望尝试新的视觉探险，只要在 Midjourney 中输入提示词，就可以轻松实现超微距摄影功能。

超微距摄影以其精湛的细节捕捉和独特的视角开启了观察世界的新窗口。通过 Midjourney，这一前所未有的视觉体验可以被更广泛的人群享受和探索，摄影的艺术表现力和深度也得到了极大的提高。

超微距摄影的提示词结构如下：

主题/场景＋super macro

运行如下提示词，将得到如图 16－7 所示的图像。

Prompt：iris，super macro

提示词：鸢尾花，超微距摄影

运行如下提示词，将得到如图 16－8 所示的图像。

Prompt：bee，super macro

提示词：蜜蜂，超微距摄影

图16-7　鸢尾花超微距摄影

图16-8　蜜蜂超微距摄影

应用 94：鱼眼镜头效果

鱼眼镜头是一种超广角镜头，能够捕捉到 180 度甚至更宽的视野。这种镜头的主要特点是产生一种显著的球面失真效果，让图像的中心区域放大、边缘区域收缩。这种失真产生了一种独特的视觉效果，常用于创意摄影、体育摄影、建筑摄影等领域。

借助 Midjourney，用户不再需要昂贵的物理鱼眼镜头就能实现鱼眼镜头效果。Midjourney 能够模拟不同类型的鱼眼镜头（例如圆形鱼眼、全幅鱼眼等），提供更丰富的创作选项。此外，Midjourney 中的鱼眼镜头效果可以与其他特效结合使用（如色调调整、锐化、添加滤镜等），增加作品的层次感和复杂性。通过 Midjourney 的高质量渲染引擎，最终的鱼眼镜头效果图像能够保持清晰度和细节，适合打印和在线展示。鱼眼镜头效果在 Midjourney 中的应用为摄影艺术带来了新的视觉体验和表现手段，值得所有摄影爱好者尝试和探索。

鱼眼镜头效果的提示词结构如下：

主题/场景＋fisheye lens

运行如下提示词，将得到如图 16－9 所示的图像。

Prompt：Sydney Opera House，fisheye lens

提示词：悉尼歌剧院，鱼眼镜头效果

运行如下提示词，将得到如图 16－10 所示的图像。

Prompt：Guilin landscape，fisheye lens

提示词：桂林山水，鱼眼镜头效果

图 16-9　悉尼歌剧院鱼眼镜头效果

图 16-10　桂林山水鱼眼镜头效果

应用 95：合成波特效

合成波特效是一种通过合成不同波长、幅度和相位的波形来创建复杂图案和结构的技术。该特效可创造出独特的视觉效果，例如水波纹、风吹草动、声音波形等。该特效可用于各种图像和设计项目，为作品增添动态和生动的元素。

借助 Midjourney 可以轻松创建和控制合成波特效，为设计师和艺术家提供探索和创造独特视觉效果的新途径。

合成波特效的提示词结构如下：

synthwave＋主题/场景

运行如下提示词，将得到如图 16－11 所示的图像。

Prompt：synthwave pyramid

提示词：合成波金字塔

图 16－11 合成波金字塔

运行如下提示词，将得到如图16-12所示的图像。

Prompt：Girl with a Pearl Earring by Dutch Golden Age painter Johannes Vermeer，futuristic，steampunk attire，pink headband，synthwave aesthetic，retro synthwave，side profile，neon blue，neon pink，symmetrical，high resolution，8K，RTX --ar 9∶16

提示词：由荷兰黄金时代画家约翰内斯·维米尔创作的《戴珍珠耳环的少女》，未来主义，蒸汽朋克风格的服饰，粉色发带，合成波美学，复古合成波，侧面轮廓，霓虹蓝色，霓虹粉色，对称，高分辨率，8K分辨率，RTX

图16-12 合成波《戴珍珠耳环的少女》

应用 96：水下摄影

水下摄影是一种独特而迷人的摄影形式，能够捕捉到海洋生物的美丽、水下景观的壮丽以及人们在水下的优雅姿态。然而，真正的水下摄影可能需要专门的设备和技能。在 Midjourney 中，使用“underwater photography”提示词就能轻松实现水下效果，即使不真正潜入水下，也能呈现出令人信服的水下影像。

水下摄影效果不仅涉及色彩和透明度的调整，而且要考虑光线在水中的折射、海洋生物的移动轨迹以及水波荡漾时产生的扭曲效果。使用“underwater photography”提示词，这些复杂的因素都可以被简化和自动化，让用户得到逼真的水下画面。

水下摄影的提示词结构如下：

underwater photography＋主题/场景

运行如下提示词，将得到如图 16-13 所示的图像。

Prompt：underwater photography, a Korean beauty wearing Hanfu, crepuscular rays

提示词：水下摄影，穿着汉服的韩国美女，曙暮辉

运行如下提示词，将得到如图 16-14 所示的图像。

Prompt：underwater photography of a blue jellyfish, glowing deep in the ocean

提示词：深海中发光的蓝色水母的水下摄影

图 16－13　穿着汉服的韩国美女的水下摄影

图 16－14　蓝色水母的水下摄影

第 17 章/*Chapter Seventeen*

其他艺术设计

除了前面章节介绍的应用外，Midjourney 还能在其他设计领域发挥作用，满足各种设计需求。例如，书籍封面设计、邮票设计、名人画像、解析图等。

应用 97：书籍封面设计

书籍封面是一本书的面孔，是人们首先接触到的部分。作为一个视觉元素，书籍封面扮演着多重角色，它不仅提供了书籍的基本信息，而且在很大程度上影响着人们对书籍的第一印象和兴趣。优秀的书籍封面设计能够抓住读者的眼球、反映书籍的内涵以及增强书籍的市场吸引力。

书籍封面设计是一门复杂的艺术，需要平衡美学、营销、制造和法律等多方面的考虑。从初稿到最终印刷产品，每一个环节都需要精心考虑和执行，以确保最终的封面既美观又有效。

通过使用 Midjourney，设计师可以更加高效和灵活地探索并实现他们对书籍封面设计的创意概念。设计师只需将书籍封面的关键词、主题或内容简介输入 Midjourney，该工具就能迅速呈现出多种书籍封面设计图，同时设计师可以迅速进行多次设计迭代，深入挖掘和优化封面的视觉效果和

版面布局。通过 Midjourney，设计师可以找到最能体现书籍精髓和市场定位的封面设计。这一过程不仅节省了时间和精力，而且为设计师提供了一个无限的创意空间，让他们自由发挥，创造出既独特又引人注目的书籍封面。

书籍封面设计的提示词结构如下：

封面分类＋细节描述＋风格/艺术家

（1）封面分类：书籍封面设计的首要任务是识别和理解目标读者群体的特点和需求，从而使封面设计具有针对性和吸引力。通常，书籍封面可以细分为四个主要类别：儿童读物、文学作品、科技著作和人物传记。在确定设计方向时，应明确指出书籍封面的具体分类，如“儿童书籍封面”（children's book cover）或“科幻小说封面”（science fiction book cover）等，以确保设计与内容和读者的期望相匹配。

（2）细节描述：设计过程的另一关键步骤是详细描述封面的具体元素，包括图像、色彩、文字和整体布局等方面。每一个细节都必须与书籍的主题和调性相符，共同构建一种视觉和情感的整体体验。

（3）风格/艺术家：选择适当的艺术风格是实现高效、准确传达的重要环节。这个选择应基于书籍的类别、主题和预期读者，以便找到与内容和市场定位最契合的视觉表现。风格的选择可以涵盖极简主义、复古风格和现代风格等表现手法。另外，还可以借鉴某位著名艺术家的独特风格，为封面设计增添独特的魅力和个性。

总的来说，书籍封面设计不仅仅是视觉艺术的展示，更是文化和市场传达的重要桥梁。每一个设计选择都应精心考虑和匹配，以确保封面不仅美观，而且能准确、生动地反映书籍的内在精神和价值，吸引和留住潜在读者的注意力。

运行如下提示词，将得到如图 17－1 所示的图像。

Prompt：book cover for cryptocurrency book，book on investing，crypto，video game art，Tron theme，neon colors，vibrant，PS5

graphics，Xbox graphics，detailed，colorful，super clean，super detailed

提示词： 加密货币书籍封面，投资书籍，加密货币，电子游戏艺术，Tron 主题，霓虹灯颜色，充满活力，PS5 图形，Xbox 图形，详细，色彩丰富，超级干净，超级详细

图 17－1 加密货币书籍封面

运行如下提示词，将得到如图 17－2 所示的图像。

Prompt：1960s book cover design，published by Penguin，paperback，orange spine，designed by Gerald Cinamon，whole book（portrait format）shown on white background

提示词： 20 世纪 60 年代的书籍封面设计，企鹅出版集团出版，平装本，橙色书脊，由杰拉德·西纳蒙（英国图书设计师、作家）设计，整本书（肖像格式）显示在白色背景上

图 17－2　20世纪60年代的书籍封面

运行如下提示词，将得到如图17－3所示的图像。

Prompt：creative business book cover designed by Talwin Morris and Ethel Larcombe

提示词：塔尔文·莫里斯（英国插图画家，书籍装帧设计师）和埃塞尔·拉科姆（英国儿童插画师）设计的创意商业书籍封面

运行如下提示词，将得到如图17－4所示的图像。

Prompt：design manga book cover，boy and girl，vertical contrasts，anime style

提示词：设计漫画书封面，男孩和女孩，垂直对比，动漫风格

图 17－3　创意商业书籍封面

图 17－4　漫画书籍封面

应用 98：邮票设计

邮票是一种小型纸质标签，粘贴在邮件上方，作为邮政服务的付费证明，表明寄件人已经支付了邮费。邮票的历史可以追溯到 1840 年 5 月 6 日，当时英国首次推出了现今所称的“黑便士”邮票，开启了现代邮政系统的先河。

邮票的设计非常精致，反映了一个国家的文化、历史、自然风光、重要人物或重大事件等。邮票按照用途可以分为普通邮票、纪念邮票、特种邮票等。纪念邮票通常是为了纪念某个特殊事件或人物而发行的；特种邮票常常有特殊主题，例如节日或社会活动。

由于其艺术性和历史性，邮票也成为收藏家的热门选择，有些稀有或历史悠久的邮票甚至成为非常珍贵的收藏品。在准备邮寄物品时，寄件人会根据包裹的重量和目的地购买相应价值的邮票，并将其粘贴在包裹上。现今，许多国家也提供电子邮票服务，使得邮票的购买和使用更加方便。

邮票不仅是邮政服务体系的一部分，也成为连接不同文化和历史的独特桥梁，反映了人们生活的多样性和丰富性。

根据不同的需求和目的，设计师可以通过 Midjourney 灵活选择和搭配，创造出富有特色和深意的邮票设计，无论用于纪念、庆祝还是日常邮政使用，都能够充分体现其艺术价值和实用功能。

邮票设计的提示词结构如下：

（vintage）postage stamp＋主体＋构图＋风格

（1）（vintage）postage stamp：这是生成邮票的关键词，明确指示 Midjourney 要完成生成邮票的任务。通过使用 vintage 关键词，可以赋予邮票一种古老和经典的感觉，唤起人们对过去的回忆和怀旧情感。

（2）主体：邮票上的主要内容或主题，可以是重要人物、历史事件、

文化符号或其他与邮票要传达的信息相关的元素。主体的选择需要与邮票的用途和目的紧密结合。

（3）构图：生成邮票的构图方式，包括布局和元素的排列。常用的构图方法包括包豪斯（Bauhaus）风格、侧视图（side view）等，它们有助于确保设计的平衡与和谐。

（4）风格：邮票的艺术风格和审美方向，决定了邮票的整体视觉效果。线条雕刻（line engraving）和凹版（intaglio）是其中的典型代表，通过细致的线条和雕刻效果，可以展现出极高的艺术性和精致感。

运行如下提示词，将得到如图 17-5 所示的图像。

Prompt：postage stamp with intricate border design，Bauhaus Japanese minimalism，vector art by Keith Haring and Picasso，PAC-MAN

提示词：带有复杂边框设计的邮票，包豪斯日本极简主义，凯斯·哈林（美国新波普艺术家）和毕加索（著名画家）的矢量艺术，《吃豆人》游戏

图 17-5　矢量艺术《吃豆人》游戏邮票

运行如下提示词，将得到如图 17－6 所示的图像。

Prompt：postage stamp for a 1900s Rolls-Royce with intricate border design，Bauhaus，side view，studio light，white background，high detail，8K

提示词：20 世纪劳斯莱斯邮票，带有复杂的边框设计，包豪斯风格，侧视图，工作室灯光，白色背景，高细节，8K 分辨率

图 17－6　劳斯莱斯汽车邮票

应用 99：名人画像

在 V 5 版本中，Midjourney 引入了一种强大的新功能，即名人画像库。这一功能不仅扩展了系统的设计能力，而且为设计师提供了更多灵感和极富创造性的选择。

以下是该功能的详细介绍。

（1）包含内容：Midjourney 已经整合了一系列名人画像，包括演员、音乐家、政治家、历史人物、体育明星等。这些画像覆盖了各个领域和时代，提供了丰富的画像选择。

（2）使用简单：这一功能的使用非常直观和简单。设计师只需在描述主体时提及相关名人的英文名字，系统就能自动生成对应名人的画像，无需额外的搜索或导入操作。

（3）灵活结合：这一功能可以灵活地与其他功能结合使用，如场景设计、背景选择、色彩调整等。这为复杂的设计项目提供了更丰富多样的选择，使设计师能更好地将名人画像融入整体设计。

（4）应用多样化：无论制作广告、创建名人海报、设计纪念品还是社交媒体推广，这一功能都可以发挥作用。由于名人通常与特定的品牌、风格或者文化有关，他们的形象可以增强设计的吸引力和表现力。

（5）版权合规：Midjourney 的名人画像库确保了所有内容的合法和合规使用，让设计师在使用名人画像时不必担心版权问题。

（6）个性化定制：除了现有的名人画像库，该功能还允许设计师调整和个性化名人画像，以符合特定的设计需求和风格。

（7）高质量：系统通过先进的人工智能技术，确保画像的高质量生成，支持高分辨率和多格式输出以满足不同的打印和展示需求。

综上所述，V 5 版本的 Midjourney 的名人画像功能不仅丰富了设计师的工具箱，而且拓宽了设计的深度和广度，使创造出独特和引人注目的设计变得更加容易和有趣。

运行如下提示词，将得到如图 17 - 7 所示的图像。

Prompt：Einstein is giving a lecture，photography

提示词：爱因斯坦在讲课，摄影

运行如下提示词，将得到如图 17 - 8 所示的图像。

Prompt：Churchill was holding a cigarette in his mouth，photography

提示词：丘吉尔嘴里叼着一支烟，摄影

图 17-7　爱因斯坦在讲课

图 17-8　丘吉尔嘴里叼着烟

运行如下提示词，将得到如图 17－9 所示的图像。

Prompt：Picasso is taking selfies

提示词：毕加索在自拍

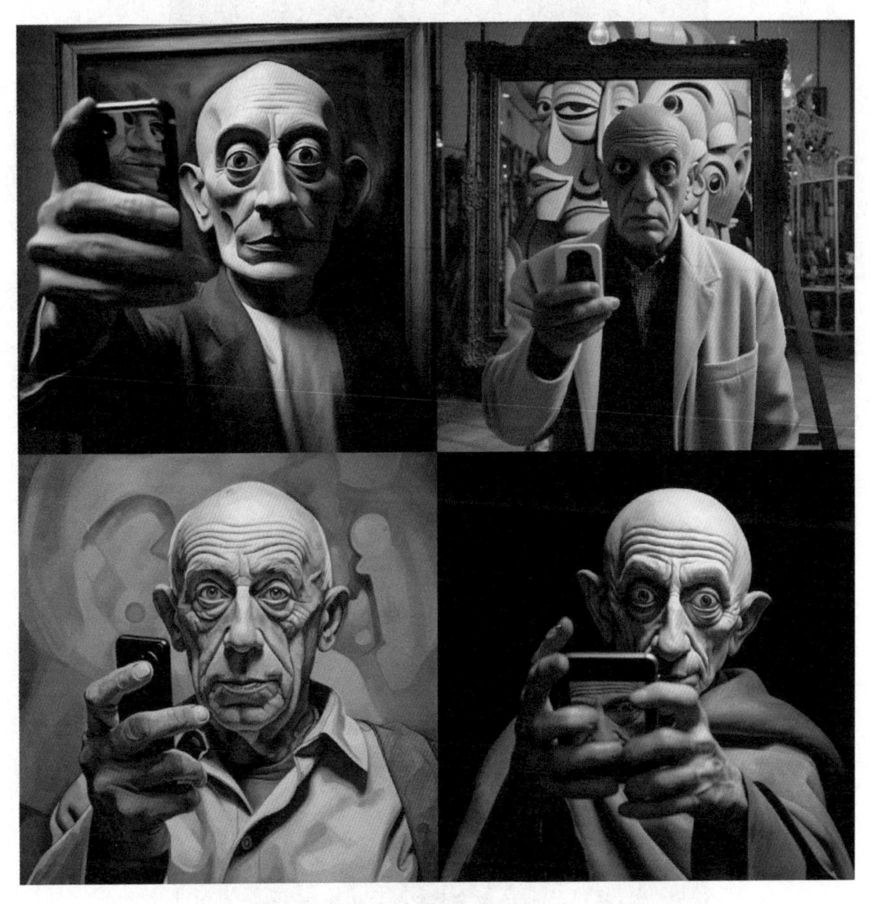

图 17－9　毕加索在自拍

运行如下提示词，将得到如图 17－10 所示的图像。

Prompt：Charlie Chaplin and Marilyn Monroe are dancing

提示词：查理·卓别林和玛丽莲·梦露在跳舞

图 17-10　查理·卓别林和玛丽莲·梦露在跳舞

应用 100：解析图

解析图是一种图示表示方法，用于展示物体的组装结构。解析图通过将物体的各个部件沿着一定的方向分解开并按照一定的比例和顺序排列，揭示了物体的内部构造和组成部分之间的关系。

解析图通常用于以下几个方面。

（1）产品说明和组装指导：解析图可以清晰地展示产品的各个组件和它们之间的相互关系，使组装过程变得更加直观和容易理解，常用于产品手册、组装指南或维修手册。

（2）工程设计：在工程设计领域，解析图可以帮助工程师和设计师更好地理解复杂机械的内部结构和工作原理。

（3）教育和培训：解析图可以用于教育和培训材料，帮助学生和培训者更好地理解复杂系统的构造和运作方式。

（4）市场营销：解析图还可以用作销售和市场推广材料的一部分，向潜在客户展示产品的复杂性和精密性。

解析图不仅提供了对物体内部结构的深入了解，而且能通过视觉方式传达复杂的信息。这使得解析图成为工程、教育、销售和其他许多领域的强大工具。

使用 Midjourney 可以生成解析图风格的图像，其提示词结构如下：

analytic drawing of＋主题

生成解析图时，Midjourney 不同版本的模型生成的图像有很大差异，版本越高，图像越复杂。

运行如下提示词，将得到如图 17－11 所示的图像。

Prompt：analytic drawing of a chair --v 4

提示词：一把椅子的解析图

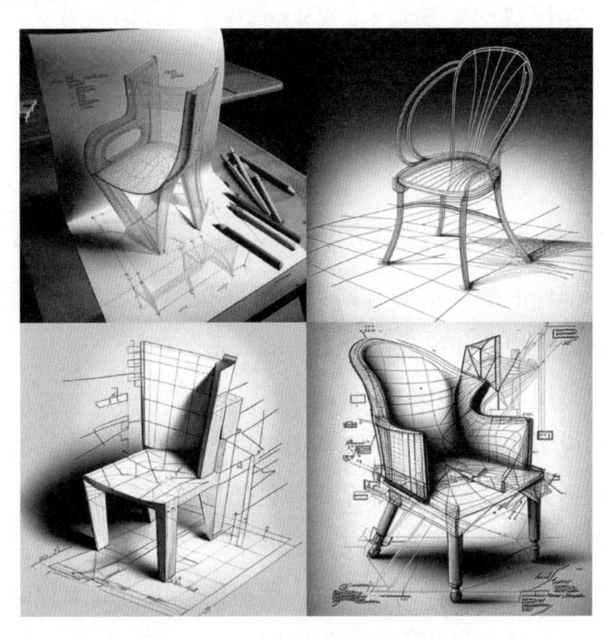

图 17－11　椅子解析图（V 4 版本）

运行如下提示词，将得到如图 17－12 所示的图像。

Prompt：analytic drawing of a chair --v 5.2

提示词：一把椅子的解析图

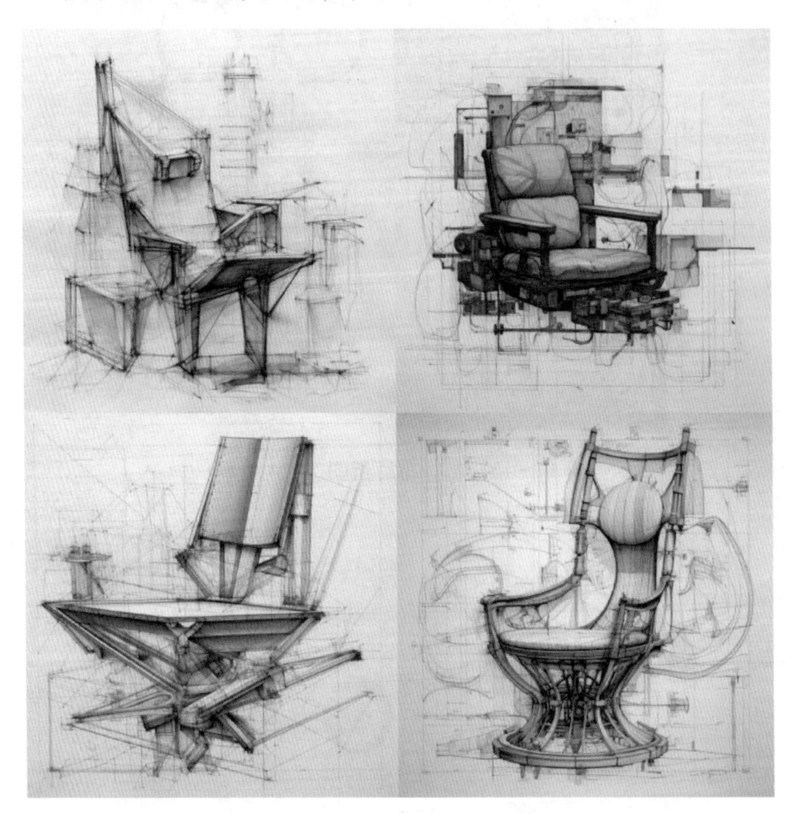

图 17－12　椅子解析图（V 5.2 版本）

运行如下提示词，将得到如图 17－13 所示的图像。

Prompt：analytic drawing of a bike --v 4

提示词：一辆自行车的解析图

运行如下提示词，将得到如图 17－14 所示的图像。

Prompt：analytic drawing of a bike --v 5.2

提示词：一辆自行车的解析图

图 17-13　自行车解析图（V 4 版本）

图 17-14　自行车解析图（V 5.2 版本）

图书在版编目（CIP）数据

AI 绘画大师 Midjourney：写给小白的 100 种应用/
文之易著．-- 北京：中国人民大学出版社，2024.2
ISBN 978-7-300-32418-0

Ⅰ.①A…　Ⅱ.①文…　Ⅲ.①图像处理软件　Ⅳ.
①TP391.413

中国国家版本馆 CIP 数据核字（2023）第 243804 号

AI 绘画大师 Midjourney：写给小白的 100 种应用
文之易　著
AI Huihua Dashi Midjourney：Xiegei Xiaobai de 100 Zhong Yingyong

出版发行	中国人民大学出版社		
社　　址	北京中关村大街 31 号	**邮政编码**	100080
电　　话	010－62511242（总编室）		010－62511770（质管部）
	010－82501766（邮购部）		010－62514148（门市部）
	010－62515195（发行公司）		010－62515275（盗版举报）
网　　址	http://www.crup.com.cn		
经　　销	新华书店		
印　　刷	北京瑞禾彩色印刷有限公司		
开　　本	720 mm×1000 mm　1/16	**版　　次**	2024 年 2 月第 1 版
印　　张	26 插页 1	**印　　次**	2024 年 2 月第 1 次印刷
字　　数	353 000	**定　　价**	139.00 元

U0158689